アフィリエイトの神様が教える儲けの鉄則50

丸岡 正人

中経出版

はじめに

アフィリエイトで毎月50万円、トータル3000万円稼いだ「50の鉄則」

アフィリエイトとは自分の作ったＨＰやブログなどに企業の広告リンクを貼り、訪問者がそれを経由して商品を購入するなどの特定のアクションを行なうと、その企業から報酬がもらえるというシステムであり、パソコンを使ったお金儲けとして人気があります。

ネットの株取引など他のビジネスと大きく違うのは、金銭的に損をするリスクがほとんどないという点につきます。

パソコンさえあれば、いつ、どんなところからでも始められ、年齢、性別、出身の区別なく、誰にでも平等のチャンスがありながら、しかも成功した後は、誰からも制約されない「自由」と、遊んでいながら月収数百万円も夢ではない「時間」と「お金」を手に入れることができるのです。

ところがある統計によると、月に1000円も稼げないアフィリエイターが全体の30％もいるそうです。上手な絵を描いたり、おいしいラーメンを作るなら個人の才能や経験によって結果が大きく左右するかもしれませんが、アフィリエイトの場合は儲けるための技術を「知っている」か「知らない」かという、知識の有無によって成功の明暗がわかれます。少なくともここに書かれているすべてのことを実践すれば、月1000円も稼げないなんてことはありません。本書を読むことにより、その技術を手に入れていただければ幸いです。

本書は、ここ数年アフィリエイト収入だけで生活してきた筆者の経験に基づき、「アフィリエイトでお金を稼ぐためには具体的にどうしたらよいか」ということをテーマとして作られた実践書です。

そしてその対象は「これまでがんばってきたけど、どうしてもうまくいかなかった」という経験者です。アフィリエイトという単語の意味が理解できない未経験者の方や、自己表現など、お金儲け以外に目的のある方にはまったく適していない内容となっていますので、そうした方々は他の書籍を探す必要があるでしょう。

本書が明日の成功を夢見るアフィリエイターの一助となれば、筆者としてこれにすぎる幸せはありません。

最後に、本書は多くの方のご支援を得て、出版することができました。

出版のきっかけをつくっていただいた㈱カデナクリエイトの竹内三保子氏、執筆に多大なご協力をいただきました藤吉豊氏、編集を担当していただきました㈱中経出版の飯沼一洋氏、その他、執筆にご協力いただきましたすべての皆様に深く感謝申し上げます。

2006年　10月

「ちゃっかり収入情報局（http://www.ne.jp/asahi/chakkari/jouhou/）」

管理人　丸岡正人

目次

注意事項

アフィリエイトなどを用いたビジネスは、お客様自身の責任と判断により、行なってください。本書の内容をもとに運用を行ない、万が一損失を被った場合でも、著者ならびに出版社は責任を負いかねますこと、ご了承ください。

本文デザイン・図表／マッドハウス

第1章▶準備編

「儲ける」ために必要な条件を理解しよう！

アフィリエイトで儲けるために必要なのは、専門的なプログラムを作る技術でも、すばらしいデザインでもありません。大切なのは、「成功するまで絶対にあきらめない」という強い気持ちをもち続けることです。効率よく収入を得るには、なによりも「継続する力」が求められているのです。

鉄則01

求められているのは技術ではない。素人だって必ず成功できる!

▼▼▼すべての成功者には共通点がある

私はこれまで、30人以上の人にアフィリエイトで稼ぐ方法を教えてきました。

彼らの中にはインターネットさえ満足にできない、まったくの初心者もいましたが、その中で成功した人たちは普通のサラリーマンとは比較にならないほどの「収入」と、誰にも縛られることのない「自由な時間」を手に入れることができました。

一方で、どんなに熱心に指導しても成功できなかった人がいます。彼らの明暗を分けた原因はいったい何だったのでしょうか?

この世界は専門家が成功するとは限りません。 すばらしいデザインを作る才能も、HP、ブログのネタとなりうる貴重な知識も、専門的なプログラムを作る技術も、アフィリエイトで稼ぐための絶対条件とはなりえません。また、主婦に大成功者が多いというのもこの業界の特徴です。

アフィリエイトで成功するために求められているものは才能や技術よりも「努力」。

「誰にでもできることを、誰にもできないくらい継続する力」。それだけです。

成功できなかった人たちは成功する前にあきらめてしまったというだけのことです。彼らはものすごくがんばったと感じているかもしれません。しかし、そこからさらにもうひとがんばりできたひと握りの人間こそが成功者となりえるのです。

実際、私が教えてうまくいかなかった人たちは、全員がとても立派なＨＰを作り上げています。「あとほんの少し努力すれば、莫大な収入と自由な時間を手にすることができるのに」と他人のことながらとても歯がゆくてなりません。

もちろん、アフィリエイトを始めて一カ月もしないうちに、儲かってしまう人もいますが、そんなことはめったにありません。逆に努力し続けることができたなら、インターネットさえ満足にできない素人でも成功する可能性はきわめて高いのです。

「成功するまで絶対あきらめないぞという気持ちの持続こそが、唯一にして絶対の成功条件」と理解しましょう。

鉄則02

常に「儲けたい」という気持ちを忘れずにもとう

▼▼▼成功を阻むさまざまな誘惑に打ち勝て

アフィリエイトで成功しないもっとも典型的なパターンは「儲けたい」という初心を忘れて、「すばらしいデザインのHPを作りたい」とか、「お金をかけないでやり遂げる」とか、「ネット上でのやりとりを大切にしたい」など、それ以外のものに価値を見いだしてしまうことです。

この本を読んでいる人の中にも、そうしたこだわりのある方がいらっしゃるのではないでしょうか？　もしそうであるなら要注意です。

たしかに美しいデザインやネットでのやりとりなどはアクセスを向上させるかもしれません。**しかし、さまざまなこだわりを排除して、「どうしたら儲かるか」ということのみ追求していけば、確実に成功率は上がります。**

アフィリエイトのフィッシュボーンダイアグラム

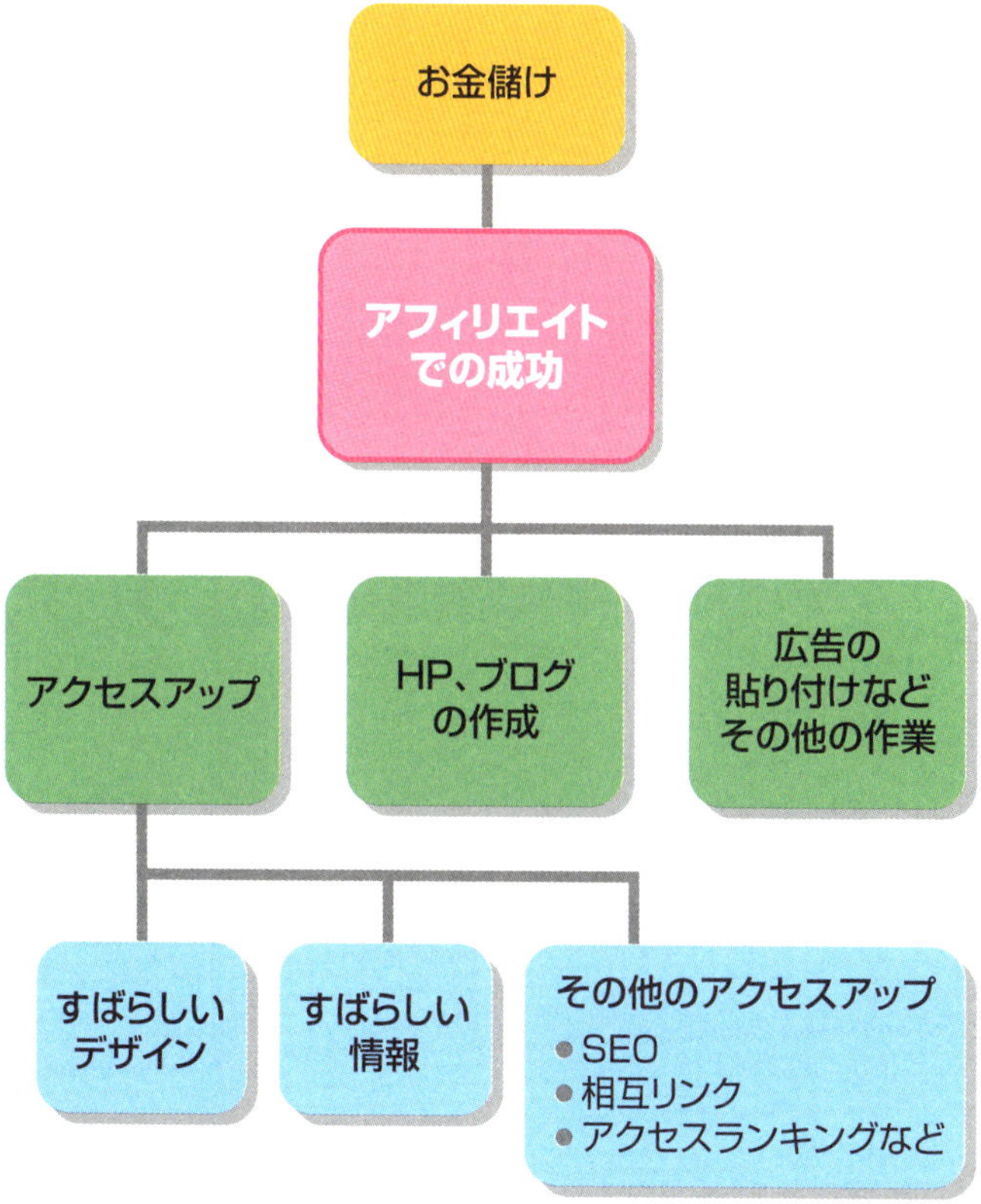

POINT

- すばらしいデザインも情報の充実もアクセスアップさせるための一手段にすぎないということを理解すること。
- すべてをバランスよく行なうことがアフィリエイトの収入につながる。

鉄則03

広告の質×売り上げ率×アクセス数が高収入の方程式だ

作成する前に収入を上げるしくみを理解しよう

儲けるための努力以外はせず、毎日がんばっているのに、思ったほど収入にならないという人もいるかもしれません。そんな人はどこかに必ず問題があるはずです。効率的にアフィリエイト収入を稼ぐためには、どのような点に気をつけるとよいのでしょうか?

それを理解するためには、アフィリエイトで収入が増えていくために必要な要素を理解する必要があります。

アフィリエイト収入は大きく分けると「広告の質」、「売り上げ率」、「アクセス数」という3つの要素によって成り立っています。そしてそれらの相関関係は次のような式によってあらわすことができます。

アフィリエイト収入＝広告の質×売り上げ率×アクセス数

これらの収入要素の関係はすべて掛け算になっているので、どれかひとつでも劣っていると、効率的に収入を稼ぐことができません。

極端にアクセス数の多いＨＰやブログの場合、収入は増えますが、その場合でも広告の質や売り上げ率を工夫したほうが、より多くの収入を得ることができます。

▼アフィリエイトの収入要素①　広告の質

広告にも儲かる広告と儲からない広告があります。どんなにすごいＨＰ、ブログを作っても、どんなにアクセス数があっても、貼っている広告の質が悪いと、アフィリエイト収入は稼げません。

意外かもしれませんが**アフィリエイトで稼ぐには、どんなＨＰを作るかよりも、どんな広告を貼るかということを、最初に検討しておかなければなりません。**

ここを間違えてしまうと、むなしい努力を重ねるだけです（詳細は鉄則４へ）。

▼アフィリエイトの収入要素②　売り上げ率

どんなによい広告を貼っても、**その広告とＨＰ、ブログに来た客層がマッチしなければ、売り上げ率が落ちてしまいます。**

節約に関するＨＰ、ブログを作って、たくさんの主婦を集めたとしても、アイドルビデオ販売の広告を貼っても儲かりません。

効率よく収入を稼ぐためには売り上げ率を考慮する必要があります（詳細は鉄則５）。

▼アフィリエイトの収入要素③　アクセス数

広告の質や売り上げ率が秀でていたとしても、アクセス数が少なければ、収入にはつながりません。

どんなにすばらしい内容の本でも、書店に並ばず、倉庫のかたすみでほこりをかぶっていたなら、売れるチャンスはありませんよね。

ＨＰ、ブログも同様で、**「いかにたくさんの人の目にふれるか」**という、アクセスアップの技術こそが、儲かるための最終的な課題になります（詳細は鉄則６）。

アフィリエイト収入の方程式

アフィリエイト収入 ＝

広告の質 × 売り上げ率 × アクセス数

POINT

- 3つの要素はすべて掛け算になっているので、どれかひとつでも劣っていると、効率的に収入を稼ぐことができない。

鉄則 04

収入要素①
儲かる広告を選択しよう

▼▼▼アフィリエイトで儲けるための最重要事項とは？

広告は星の数ほどたくさんの種類がありますが、効率よく儲かる広告というのは、その中でも「ほんのひと握り」にすぎません。

したがってどんな広告を貼るかということは非常に重要であり、その選択を誤ると、その後どんなに努力してもむくわれません。

「HPを作成してから、あらためて広告を検討すればよい」と思われる方もいるかもしれません。しかし**作成後だと、すでにテーマが決まっているので、売り上げ率をコントロールしづらくなります**（詳細は鉄則5）。

したがって、HPを作成する前に、どんな広告を貼るかを検討しておく必要があります。

アフィリエイトの種類

広告の種類	クリック保証型	売り上げ成果型	売り上げ成果継続型	ベタ貼り型
どんな広告か?	バナー1クリックに対していくらということが保証されている広告。	バナーを経過してスポンサーサイトに行ったお客さんが商品を購入するなどして売り上げが発生した場合、そのうちの何%(1～50%)かが収入となる広告。	売り上げ成果型の中でも、紹介したお客さんが商品を購入するなどして売り上げが上がるたびに、何度でも報酬が発生する広告。	売り上げに関係なく決まった金額がもらえる広告。
解説	クリックされるだけで収入になるので一見よさそうに見えるのですが、一般的に報酬単価が安いので、結果として売り上げ成果型のほうが効率がよいように設定されています。	もっともメジャーな広告形態です。売り上げが上がったときにだけ報酬が発生するのでスポンサー側も報酬単価を上げやすい傾向にあります。	一度紹介してしまえば継続して報酬が入ってくるので、非常においしいです。このタイプで報酬割合が多ければ言うことありません。	新聞や雑誌などに掲載されている広告と同じスタイル。当サイトでもよく掲載依頼がありますがあやしいものが多いので断ることも。個人情報ももれやすいのであまりおすすめできません。
代表的な広告会社	Google AdSense	リンクシェア、A8ネット	楽天、Amazon	?
一般的な儲かり度	★★	★★★	★★★★★	★★

メイン広告を選択する際の4つの基準を理解しよう

①基本的に「クリック保証型」は考慮しない

アフィリエイト広告には「クリック保証型」、「売り上げ成果型」、「売り上げ成果継続型」「ベタ貼り型」の4種類があります。

1クリックに対して報酬が発生するという確実さから、アフィリエイト初心者はクリック保証型の広告を好んで選びます。

しかし、**スポンサー側からみると、売り上げがあるかどうかわからないクリックに対して報酬を支払わなければならないうえに、クリック保証型で好条件にすると不正な自己クリックが増加する**ので、他の広告形態よりも、条件を悪くする傾向があります。Google AdSenseなどの例外もありますが、基本的にクリック保証型を考慮する必要はありません。

②報酬単価が高いか？

1回の売り上げに対して、報酬がたくさんもらえる広告を選ぶとよいということです。誰だってたくさんお金がもらえる広告のほうがいいですよね。

ただし、売り上げ成果型は、1回の売り上げに対して1回だけ報酬が発生しますが、売り上げ成果継続型の場合、お客さんが何回買っても報酬が発生するので、紹介したお客さん一人につき、何回売り上げが発生するかということも予想する必要があります。

③需要があるか？

どんなに報酬単価が高くても、世間にまったく相手にされないものを扱っても意味がありません。

演歌歌手よりもアイドルが出した曲のほうが売れるとしたら、当然アイドルの出したCDの広告を貼るべきです。

④報酬発生条件がいいか？

どの時点で報酬が発生するかということは意外なほど重要です。

たとえば、人材派遣登録促進の広告の場合、登録の時点で報酬が発生するのか、登録した人が面接した時点で報酬が発生するのかという違いを考慮する必要があります。

▼情報を収集して稼ぎやすい広告を探し出す

メインの広告を選択する場合、なるべく多くの情報を集め、その中でもっともよいものを選択する必要があります。しかしあまりに多すぎて、始めたばかりの人にはどれを選択すればよいかわからないかもしれません。

日本最大級のＡＳＰとして知られる**「Ａ８ネット」**（http://www.a8.net/）では、どの広告がもっとも報酬を払っているかわかるようになっています。会員なら誰でも知ることができるこの情報は大いに参考になります。

またＨＰの中にはアフィリエイト収支を発表しているところがあるのでよそがどの広告で儲けているか見てみるといいでしょう。私の**「ちゃっかり収入情報局」**（http://www.ne.jp/asahi/chakkari/jouhou/）でも収支を紹介しているので参考にしてください。

なお、スポンサーサイトが直接アフィリエイトを実施しているところの中には、怪しいところも多いようです。登録すると個人情報が流出してしまう可能性もあるので、あれもこれもと手を出すのは危険です。**慣れないうちはよそのサイトが紹介しているかどうかを目安にするとよいでしょう。**

ASPを利用して儲かる広告を探す

POINT

- 「A8ネットのトップページ」からログインして、「プログラム選びのヒント」➡「太っ腹プログラムはこれだ！」から見ることができる。
- このランキングに上位でランクインされているものは、端的に「稼ぎやすい」と考えてまず間違いない。大いに活用しよう。
http://www.a8.net/

鉄則05

儲けやすい広告はこれだ!

▼▼▼アフィリエイト成功の鍵は、高収入広告が握っている

アフィリエイト広告は本当にたくさんの数があり、どれを選択するか悩みます。ここでは儲けやすい広告をいくつかピックアップしました。単に報酬単価が高いだけではなく、どういうものを選択したらよいかということも、あわせて解説します。ただし、ここで紹介できるものはあくまでも一部だけですので、これらを参考にして、いろいろなものを探してみてください。

①DVD、CD、本

DVD、CD、本のタイトルはサーチエンジンで検索されることが多いので、効果の高いSEO対策となりえます（SEOとはアクセスアップの手法のことで、本書では何

回も登場する言葉です。鉄則34で詳しく解説していますが、この言葉の意味が理解できない方は、まずそちらを先に読んだほうがわかりやすいかもしれません）。世界最大級のインターネット書店である**「Amazon（http://www.amazon.co.jp/）」**のアフィリエイトなら、ほとんどの本、DVD、CDを取り扱うことができます。

報酬単価は若干低めに設定されていますが、**広告数とアクセス数が補ってくれる**ので、このジャンルで稼ぐなら、おすすめのアフィリエイトといえるでしょう。

②モニター、懸賞、オプトインメールなど

モニター、懸賞、オプトインメールなど、インターネットで儲けるということを趣旨にしているサイトはお客さんが登録するだけで、収入が発生します。

最近では、こうしたものを求めている方はたくさんいるので、多くの需要が見込めます。

またお客さんとしても、お金を払うわけではないので、気軽に登録してくれる分、報酬発生率が良好です（詳細は鉄則9）。

③健康食品

現在、健康ブームということもあって、健康食品に対する需要は高まる一方ですが、一般的に健康食品の広告というと、報酬単価がそれほど高くないうえに、ネットで買う人も少ないので、普通に貼ってもそれほど儲かりません。

しかし、テレビ番組などで紹介されると、一時的にものすごく需要が高まります。

以前コエンザイムQ10が紹介されたときなど、しばらくの間パニック的な注文が続き、扱っている店もずっと品切れだったそうです。

もちろん、それにいち早く便乗して広告を貼ったアフィリエイターたちも、ちゃっかりと収入を稼いだと聞いています。

人気番組などで紹介された商品は一時的に売り上げを伸ばす傾向にあるので、旬のうちにその商品の広告を見つけ出し、即座に貼り付けるというのはなかなかよい手だと思います。

ほかにも**「あのテレビ番組で紹介されたものは売れる」といったパターンが確立できるもの**を、なるべく多く見つけておくとよいでしょう。

④情報商材

情報商材とは一般的に手に入らないようなマル秘情報を高額で販売するもので、なかには報酬単価が数万円を超えたりするものもあります。

最近アフィリエイトではなく自ら情報商材を作って販売するというのがはやりになりつつあります。

ASPを介さなければ販売価格が丸ごと報酬となるので、良い情報をもっている人はこの路線を狙ってみるのもよいかもしれません。

⑤ライブチャット&出会い系サイト

男という生き物が存在する限り、この分野で需要がつきることはありません。

不況であっても、高いレベルで安定した報酬が期待できます。報酬単価が高いのも魅力的です。とくに最近、ライブチャットサイト自体がものすごいいきおいで増えているので、利用している人が多いということも予想できます。

ただしこうした広告を貼っていると、**自サイトの雰囲気を損ねたり、お客さんの質も偏ってくるのが難点**といえます。

鉄則 06

収入要素② 売り上げ率を工夫するかしないかで、収入は100倍違う！

▼▼▼客層、客質を意図的にコントロールしよう

私は自分で作るときも、人に教えるときもまず広告を選択し、その後どんなＨＰ、ブログを作るかということを考えるよう徹底しています。

というのも**広告と客層をマッチさせて、売り上げ率を上げる工夫をしないと、その後どんなにアクセスアップで努力してもむくわれない**からです。何も考えず無造作に広告を貼ってもたいした効果は期待できません。

売り上げ率というのは、自分のＨＰにお客さんが一回来るとどのくらいの割合で売り上げに貢献するかという指標であり、次の式で表すことができます。

売り上げ率＝売り上げ÷お客さんが訪問してくれた数

もちろんこの数値は高ければ高いほど、報酬効率がよくなりますが、後述（鉄則43）する費用と売り上げの関係を見極める材料としても重要事項となります。

以下、作成前に売り上げ率を上げる方法を解説します。

▼作成前に売り上げ率をコントロールするテクニックがある

①選択した広告に客層をマッチさせる

育児をテーマとしたHP、ブログを作るとしたら、必然的にターゲットとなる客層は主婦になります。しかしいくら儲かるからといって、そこにアニメの広告を貼り付けるというのは適切ではありません。

もしアニメの広告こそ儲かると判断したなら、育児ではなくもっとその広告に近い客層が来るテーマのHP、ブログを作成する必要があります。

たとえば「アニメを買う人は秋葉原に行くだろう。なら、秋葉原の街案内サイトなんかいいかも」という発想が重要です。直接アニメサイトを作るというのもよいのですが、ライバルサイトが多い場合などは、こうした変化球が儲けの幅を広げます。

効率よく報酬が発生する広告はそれほど多くありません。したがって、**作ったHP、**

ブログに広告を合わせるよりも、広告に合ったＨＰ、ブログを作ったほうが効率的ということになります。

「えー。秋葉原なんて全然知らないよー」と考えるのは早計です。ＨＰ、ブログというのは長い時間をかけて更新するわけですから、研究しながらちょっとずつ作っていけばよいのです。あるいは「素人の体験記」というのもよいでしょう。

ただし全然興味がない分野だと作っていても辛くなるので、興味があって、これから勉強していきたいと思えるような分野を選択したいものです。

②売り上げに貢献する客層をターゲットとする

これはどんなテーマでも共通して言えることですが、**売り上げに貢献しない客層をターゲットにしても意味がない**ということです。

たとえば、ドラえもんのＤＶＤ広告を貼るなら、ドラえもんについて詳しいＨＰ、ブログを作るのではなく、ドラえもんのＤＶＤがいかに子供の教育に必要かといったテーマを選択したほうがよいでしょう。なぜなら実際にＤＶＤを買うのは子供ではなく親だからです。

売り上げ率に貢献するターゲットを選ぶ

儲かる広告の選択

1. 選択した広告に客層をマッチさせる
2. 売り上げに貢献する客層をターゲットとする

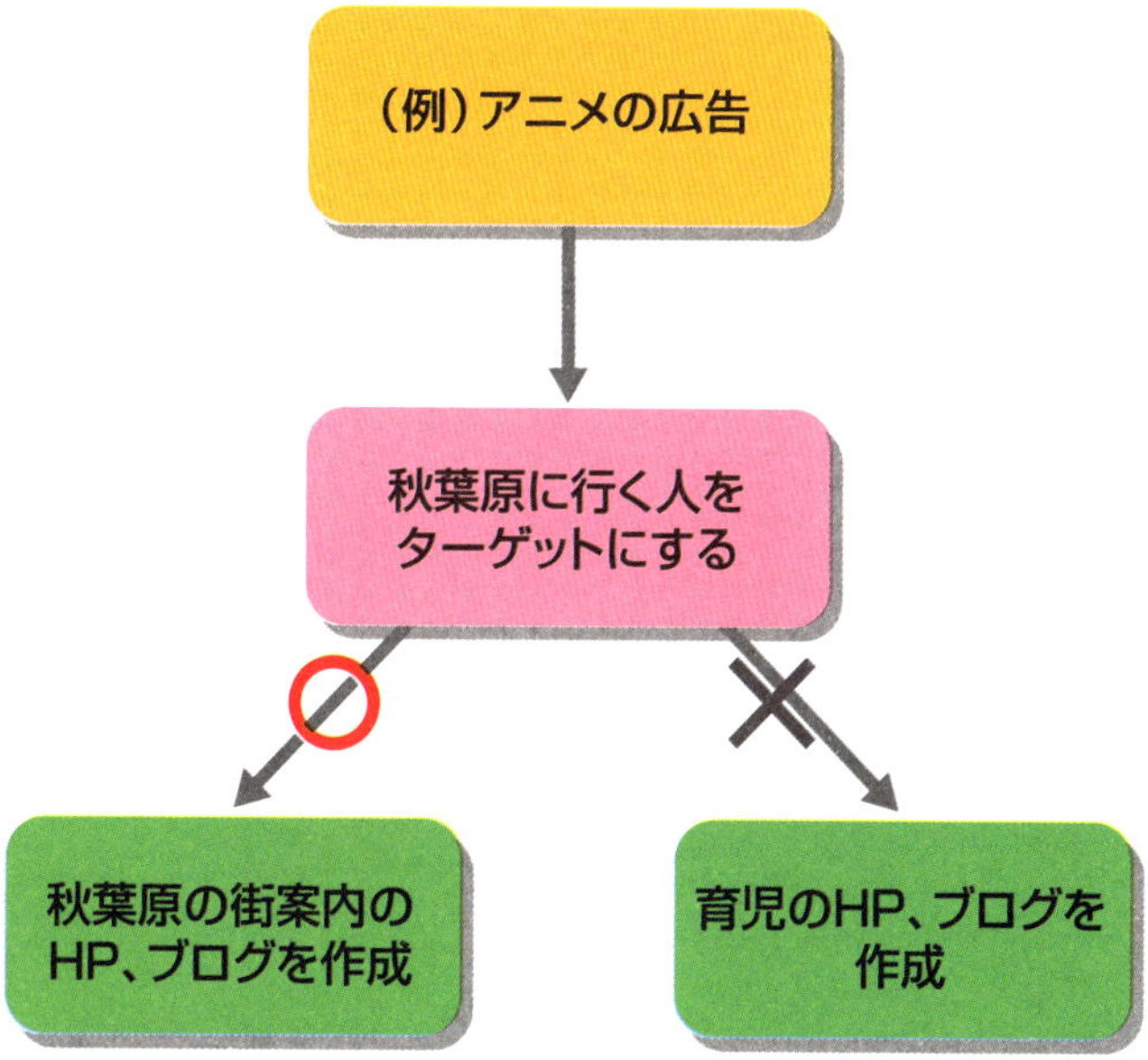

POINT

- 作ったHP、ブログに合わせて広告を選ぶのではなく、広告にあったHP、ブログを作ったほうが効率的である。

鉄則07

収入要素③ アクセスアップの重要性を理解しよう

▼▼▼多くの挫折者がつまずく落とし穴がある

どんなにすばらしい商品が開発されたとしても、それを宣伝しなかったら、きっと売れません。

アフィリエイトの場合も同様で、どんなにすばらしいHP、ブログを作ったとしてもアクセスアップをしなければ、その存在さえ知られることはありません。

逆に宣伝力に秀でているなら、少しくらい商品が劣っていても、売れてしまうものです。かつて世界中で評価されていたソニーが、国内では商品力に遅れをとる松下にどうしても勝てなかったのは、販売力の差だったといわれています。

大胆に言ってしまうと、**アクセス数さえ稼げれば、HP、ブログの出来なんて、実はどうでもよい**のかもしれません。

アクセス数が収入に影響を及ぼす

	広告単価		売り上げ率		アクセス数		収　入
① アクセス数が少ないHP、ブログ	100円	×	5%	×	1,000人	=	5,000円
② アクセス数が多いHP、ブログ	100円	×	5%	×	10,000人	=	50,000円
③ アクセス数がまったくないHP、ブログ	100円	×	5%	×	0人	=	0円

（注）上記の式は説明を簡単にするために広告単価、売り上げ率の値を一定としています

POINT

- 広告単価と売り上げ率はHP、ブログ作成当初に決定されてしまう部分が大きい。
- アクセス数はあとの努力で増やすことができる。
- アフィリエイトの収入はほぼアクセス数に比例して伸びる。
- どんなにすばらしいHP、ブログを作ってもアクセス数が0なら収入はまったくない。

同じＨＰで、同じ広告を貼っていて、売り上げ率も同じなら、アクセス数が多ければ多いほど、それに比例して収入も上がっていきます。

仮にどんなにすばらしいＨＰ、ブログが完成したとしても、アクセス数が0なら収入も0となってしまいます。いかにアクセスアップが重要か理解できるでしょう。

▼失敗する人の多くはここで終わる

アフィリエイトで成功を志す多くの人は、あまりにも立派なＨＰ、ブログを目指す傾向があります。

しかし、作成に時間や力を費やすあまり、アクセスアップがおろそかになるか、その前に力つきてしまうというのが、もっともありがちな失敗するパターンです。

私が教えたにもかかわらず成功できなかった人たちの95％は、ここで挫折しました。彼らは本当に立派なＨＰを完成させました。アクセスアップに取り組みさえすれば収入が入ってくるはずです。

つまり、そこそこ完成したら、すぐにアクセスアップに取り組むというのが成功する秘訣なのです。

アフィリエイトを成功させるには2つの山を越えなければならない

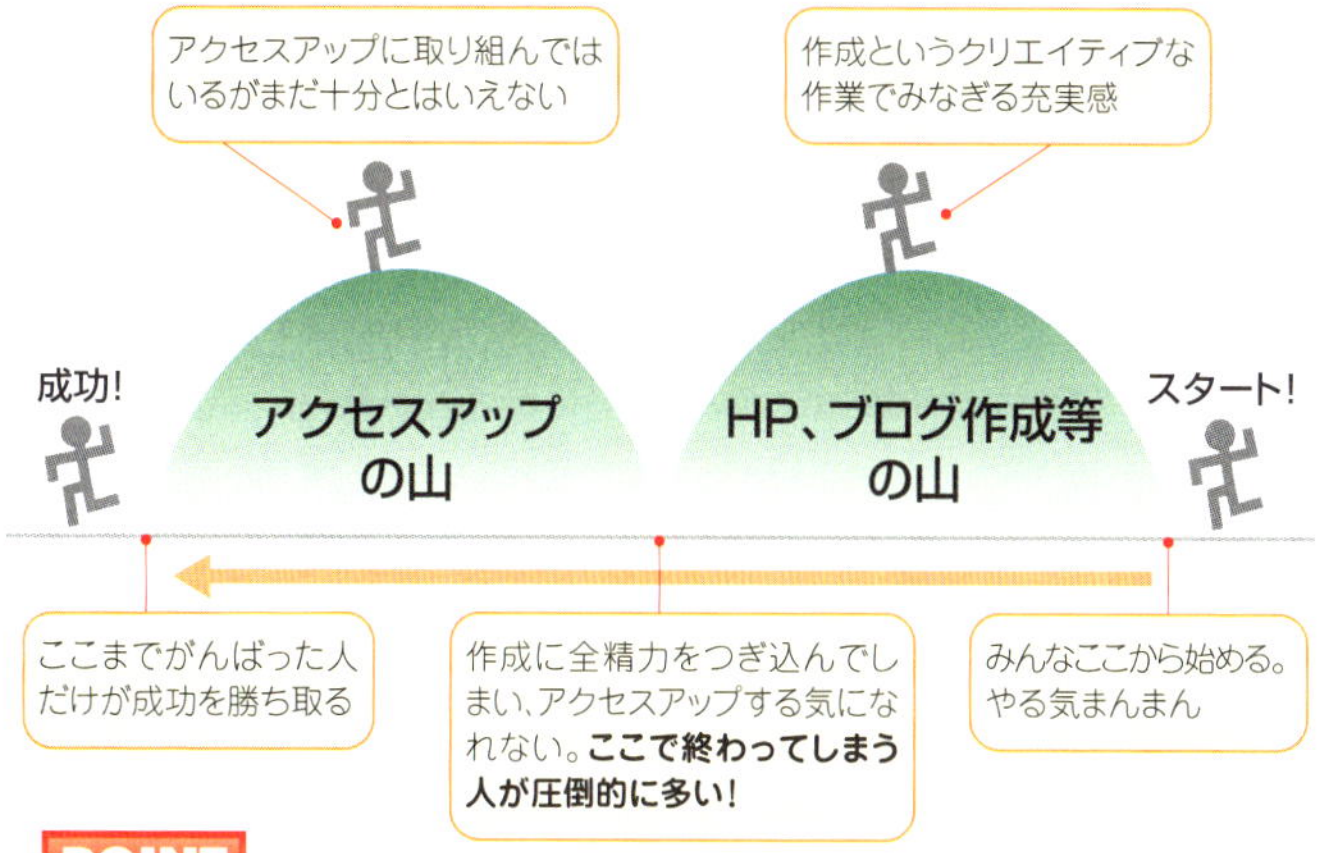
アクセスアップに取り組んではいるがまだ十分とはいえない
作成というクリエイティブな作業でみなぎる充実感
成功!
アクセスアップの山
HP、ブログ作成等の山
スタート!
ここまでがんばった人だけが成功を勝ち取る
作成に全精力をつぎ込んでしまい、アクセスアップする気になれない。**ここで終わってしまう人が圧倒的に多い!**
みんなここから始める。やる気まんまん

POINT

- 作成する前の段階から、アクセスアップを視野に入れること。

失敗してしまった原因と成功率

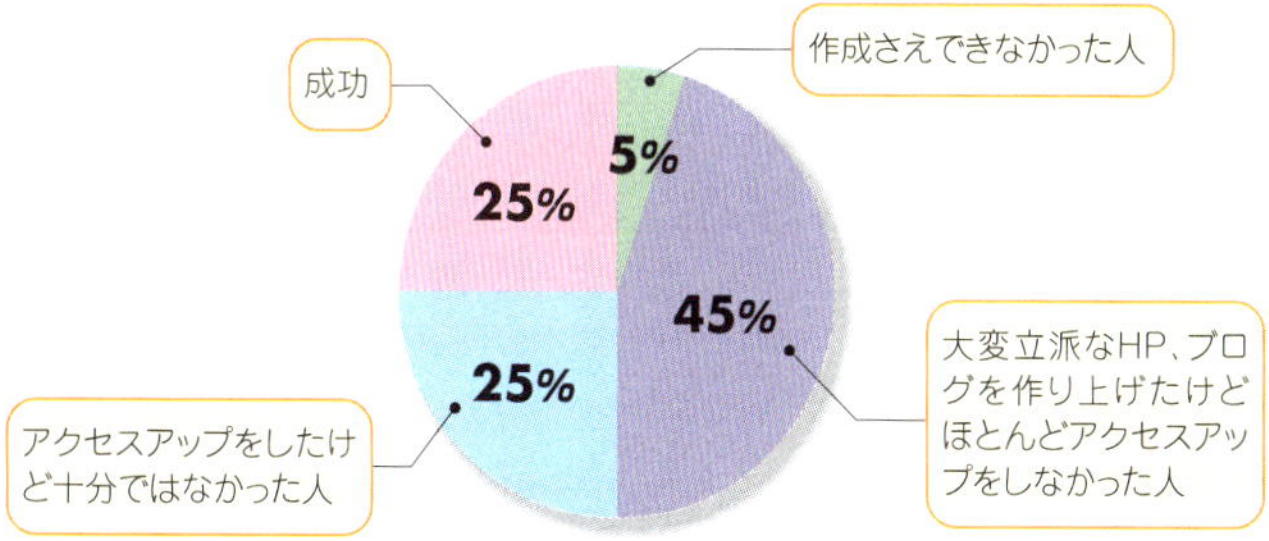
成功
25%
作成さえできなかった人
5%
45%
大変立派なHP、ブログを作り上げたけどほとんどアクセスアップをしなかった人
25%
アクセスアップをしたけど十分ではなかった人

注 上図は、私が直接教えてきた人たちのデータです。一般的にはもう少し違う数値になるでしょう。あくまでも参考と考えてください。

鉄則 08

アクセス数を増やしやすいテーマのHP、ブログを作ろう

売れるテーマを探す具体的な方法とは?

アクセス数はアフィリエイト収入に大きな影響を及ぼすので、あらかじめアクセス数を稼げるテーマを選択しなければ、その後アクセスアップをするときに大変な困難を強いられてしまいます。

効率よく儲かるHP、ブログを作るにはどのようなテーマを選択するとよいのか、という疑問に対して、たいていのアフィリエイト指南書には「自分の得意な分野のものを作れ」とあります。たしかにそれなら、詳細な情報を提供できるかもしれません。

しかし、得意な分野のHP、ブログを作れば、必ず成功するかというとそんなことはありません。というのも**「得意分野が必ずしもアフィリエイトで儲けるのに適しているとは限らない」**からです。

たとえば、純文学が好きで、造詣が深くても、純文学のHP、ブログでは儲かりません。というのも純文学はマーケットが非常に小さいうえに、関連する広告も限られているからです。そういう意味ではコミックをテーマにしたほうがはるかに儲かるでしょう。

一方で、**人気のあるテーマはライバルサイトも多いので、その分アクセス数が分散してしまう傾向があります。**

したがってアクセス数を増やしやすいテーマとは、**より「人気があって」、より「ライバルサイトが少ない」**という2つの要件を満たしている必要があります。

もちろん真にアクセス数を稼ごうと思うなら、最高に人気のあるテーマでNO・1のHP、ブログを目指すべきでしょう。それには誰にも負けないくらいの知識、情熱、時間が必要ですし、そのサイトに対する愛情も人一倍必要といえるかもしれません。

しかしお金を稼ぎたいだけというのなら、最高に人気のあるテーマを選択する必要はありませんし、NO・1になる必要もありません。たとえ得意なものでなくても、お金を稼ぐために、効率よく儲けられるものを選択すべきです。

▼アクセス数を増やしやすいテーマを探す

①フレッシュなニュースは希少性も高い

まだどこにも出回っていない、フレッシュなニュースは需要が高いだけではなく、取り扱っているライバルサイトも少ないので、アクセス数を稼ぎやすいです。

アップル社がインターネット音楽配信事業（アイチューンズ・ミュージック・ストア）をスタートさせましたが、このときはサービス開始から4日間でダウンロードの数が100万曲を超えたというニュースがありました（2004年8月）。

当然アップルおよびアイチューンズ・ミュージック・ストアをテーマとしたサイトはこの間、莫大なアクセス数があったはずです。

こうした情報の多くは実際のサービスが始まるずっと前に、新聞で小さく取り上げられていることが常です。とくに**日本経済新聞や日刊工業新聞のような専門紙はHP、ブログを作るうえで貴重な情報を手に入れるのに役立ちます。**このあたりの感覚は株の売買に通じるものがあるかもしれません。

誰よりも早く旬な情報をキャッチすることができたなら、長期間そのマーケット内でシェアを確立することができるでしょう。

②本屋でテーマを探す

本屋は新聞ほど即効性はありませんが、**現在もっとも需要があるテーマ、息の長いテーマを探す際に重宝します。**たとえば、その時々のベストセラーはもちろん、夏休みには行楽地特集といった季節ものなど、たくさん売れる本はより売れるように、店頭でも目のつきやすいところに平積みされています。

最近、興味深いのは「右脳開発」、「速読」に関する本が平積みにされていることです。というのも、それらの本の中には、20年も前に出版されているものもあるからです。「自分の能力を開発したい」という思いはこの先もすたれることはないでしょう。

ところで「もしあなたが作ったＨＰ、ブログが20年間もアフィリエイト収入を稼ぎ続けたとしたら」と想像してみてください。

本屋で人気のあるテーマはＨＰ、ブログにしても人気が出ます。本屋で20年間売れ続けたテーマはこれから先20年間売れ続けるかもしれません。

③サーチエンジンが提供する「キーワードランキング」を参照する

各サーチエンジンで実施されている「キーワードランキング」は、特定の期間でもっとも検索されたキーワードをランキング形式で表示しています。

とくに「Goo」のキーワードランキング（http://ranking.goo.ne.jp/keyword/）は秀逸で、その時々のフレッシュな情報や、長期間にわたって検索されたキーワードのどちらも探すことができます。

いまその瞬間に検索されているキーワードが20位まで表示されているので、常に、何が注目を集めているのかがひと目でわかります。

また、月刊キーワードランキングも、「急上昇キーワード」「注目ワード」「検索で知るコトバ」などのカテゴリー別で表示されているので、月ごとにどんなことに興味が持たれたのかを知ることができます。

ちなみに2006年度2月は「モンスターハンター2」、3月は「ファイナルファンタジー12」と、いずれもシリーズもののゲームが1位を獲得しており、発売前後にアクセス数が跳ね上がるということを証明しています。

このランキングは自サイトの方向性を考えるときなど大変参考になります。

「Goo」のキーワードランキングからテーマを探す

いまの時間帯でよく検索されているキーワードランキング

各月の月間キーワードランキングを掲載

注目のキーワードについて解説されている。最新のトピックスはとくに重要なので見逃さないこと

POINT

- いまの時間帯でよく検索されているキーワードランキングや月間ランキング、注目すべきキーワードを表示してあるため、アクセス数を増やしやすいテーマを見つける参考になる。とくにフレッシュなニュースは需要が高いので、要チェック。
http://ranking.goo.ne.jp/keyword/

鉄則09

おこづかいサイトのすすめ

圧倒的な売り上げ効率！　成功すれば夢の印税生活まっしぐら！

パソコンでお金を稼ぐ方法はアフィリエイトだけではありません。インターネット懸賞、モニター、ペイドメールなどいろいろな方法があります。こうしたパソコンでお金を稼ぐ方法を紹介しているHP、ブログのことをおこづかいサイト、あるいは副収入サイトと呼びます。私の運営する「ちゃっかり収入情報局」(http://www.ne.jp/asahi/chakkari/jouhou/) は開設してからもう5年以上になるので、この分野の老舗といえるでしょう。

ではおこづかいサイトはどのようなシステムになっているかというと、パソコンを使っておこづかいを稼ぎたい人が、なにかのサイトにひとつ登録するごとに50円～300円の広告報酬が入ってくる、売り上げ成果型の広告をメインとしています。

おこづかいサイトで副収入を得る

自動車や高額懸賞金が手に入るチャンスも

登録は無料

会員になると懸賞などのイベントに参加することができる。趣味や嗜好に合わせて100以上のジャンルやカテゴリーに分類されてある

POINT

- 「フルーツメール」は、豪華なプレゼントやメンバー限定の懸賞を揃えた国内最大規模の懸賞サイト。参加方法は、無料の新規メンバー登録を行なうだけ。2005年時点で、当選人数は5万人を超している。
- 「フルーツメール」からのメールを受け取り、リンクをクリックして広告主のメッセージやHPを見るとポイントが貯まり、貯まったポイントは「フルーツメール」の用意する商品と交換できる。
http://www.fruitmail.net/

おこづかいサイトを作成するとさまざまなメリットがあります。

まず、広告を貼り付けるだけで、コンテンツができあがります。更新も新しく見つけた広告を貼っていくだけなのでネタ作りに困りません。

そして、**すべての情報が広告となるので、売り上げ率が高いだけでなく、一人のお客さんが何個も登録（＝収入発生）してくれるので、客単価も非常に高いです。**

また、おこづかいサイト以外の広告、たとえばショッピングや報酬単価がきわめて高い消費者金融などの情報を紹介しても矛盾がありません。アフィリエイト初心者にはどんな広告があるか勉強にもなるでしょう。

こんな一見よいことばかりのおこづかいサイトですが、それゆえに過当競争も激しく、あまりに作っている人が多いために、ランキングサイトやメルマガなど登録を拒否されることが多いです。しかしこのジャンルで成功したら夢の印税生活間違いなしです。

最近は**株、節約、オークションなど比較的似た分野でアクセス数を稼ぎ、おこづかい系コンテンツで儲けるという手法が流行となりつつある**ので、その線を狙ってみることをおすすめします。

読み物を充実させてみる

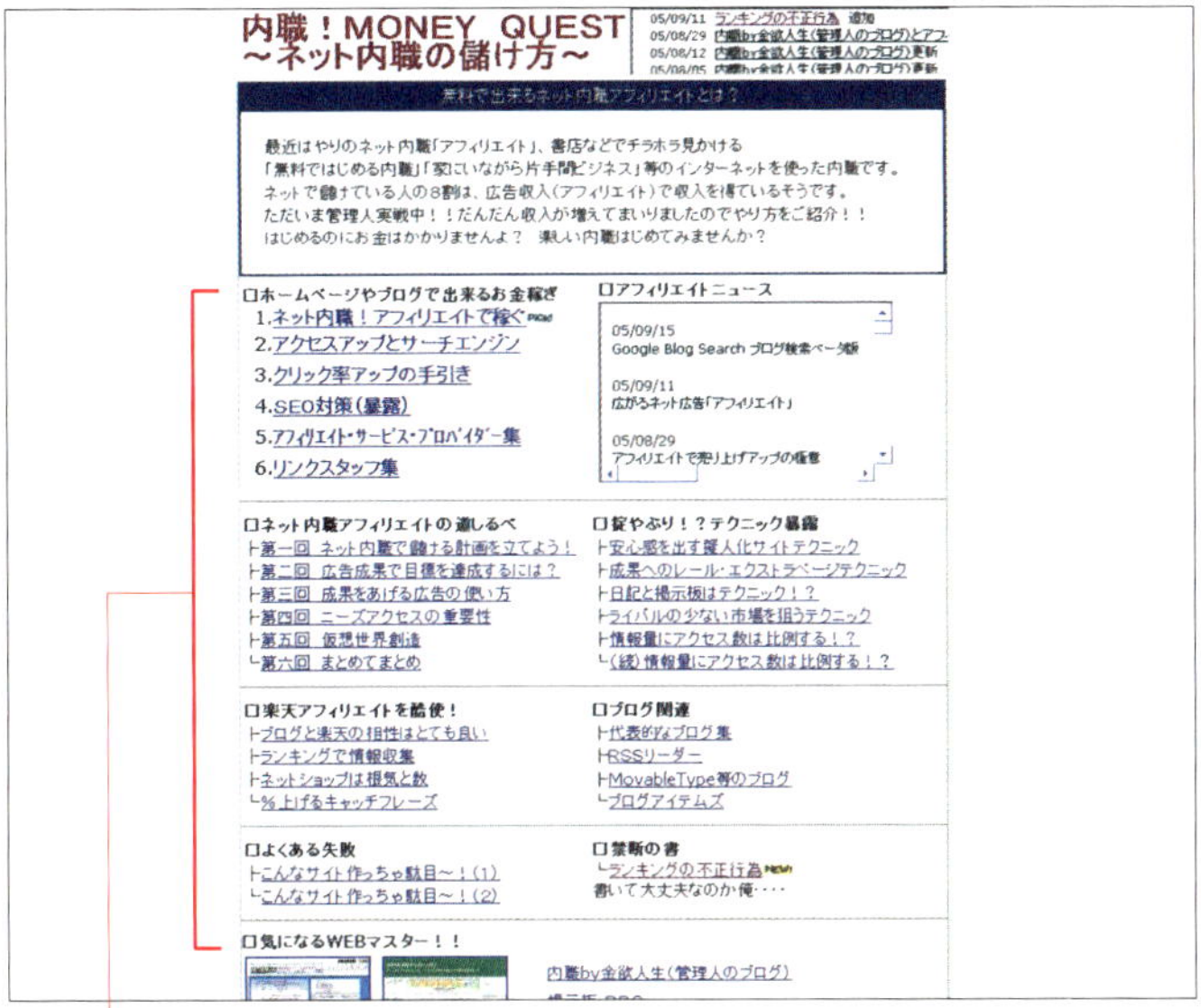

他のサイトとの差別化を図るうえでも興味深い読み物を充実させることは大切

POINT

- おこづかいサイトとして活躍されているきくらげさんの「内職！MONEY QUEST」。
- 読み物が充実していてとても参考になる。成功する手段のひとつとして、管理人の顔が見えるだけでなく、興味深い読み物を充実させることで他のサイトとの差別化を図っている。
http://kikuragewith.fc2web.com

鉄則 10

タイトルのつけ方ひとつでアクセス数はこんなに変わる！

▼▼▼タイトルは一日かけても考える価値がある

内容は非常によくできているのに、タイトルに工夫がほどこされていないHPやブログをよく見かけることがあります。「中身がよければタイトルなんて関係ないよ」と思われているのでしょう。しかし**タイトルの出来、不出来はその後の収入を大きく左右するきわめて重要な問題です。**

書店で本を探すときにたとえてみましょう。ほとんどの人はまず探している本が置いてあるコーナーに行くでしょう。そこにはたくさんの本が置いてあるはずです。よほど興味があるものや、必要に駆られている場合は、そのすべてに目を通すこともありますが、普通は数冊くらい目を通してもっとも役に立ちそうなものを選んで買っていくことになります。

つまり、手に取った数冊以外は、どんなに内容が優れていても検討される機会さえなかったということになります。

ＨＰ、ブログのタイトルの場合はＳＥＯ対策という観点もありますので、本よりもさらに重要です。**同じ内容でも優れたタイトルなら飛躍的にアフィリエイト収入を獲得することができます。**一日かけてでもじっくり考える価値があるのです。

▼訴求力のあるキーワードを使って儲かるタイトルを考える

①文章、内容を要約していること

たとえば「ブレイクタイム」など、横文字を使うと見栄えもよく、どんなテーマのＨＰ、ブログのタイトルとしても万能で違和感がありません。

しかし、逆に言うとこのタイトルだけでは、そのＨＰ、ブログにどのようなことが書かれているのかわかりません。節約なのでしょうか？　競馬サイトなのでしょうか？　あるいはお店の宣伝サイトなのでしょうか？

サーチエンジンなどから来るお客さんは、タイトルを見て訪問するかどうかを検討します。ところがタイトルを見たとき、**直感的に何について書かれているかわから**

ないと訪問する気になりません。

「節約ブレイクタイム」なら節約について書かれていると理解できます。さらに言うなら、「ブレイクタイム」なんて節約と関係ない言葉など使わず、「今日から役立つ節約大全集」とすれば訴求力が増すはずです。

節約の技術について探している訪問者の視点に立ってみてください。タイトルを見たとき、どちらに訪問したくなるか一目瞭然ですね。

②タイトルにターゲットキーワードを設定する

多くのサーチエンジンやリンク集では、検索されたキーワードがタイトルに含まれているHP、ブログを優先的に上位に表示します。

たとえば「ちゃっかり収入情報局」の場合は「ちゃっかり」「収入」「情報」「局」という4つのキーワードで優先的に表示されます。

ターゲットとするキーワードを選択する場合、「キーワードアドバイスツール」(http://inventory.overture.com/d/searchinventory/suggestion/?mkt=jp) が有効です。

キーワードアドバイスツールはターゲットキーワードがGoogleで月にどれくらい

検索されたかを教えてくれます。もちろんより多く検索されたキーワードで、より上位に表示されたほうがアクセス数を伸ばすことができます。

また**メインキーワードにサブキーワードを組み合わせたタイトルをつけることにより、SEO効果の高いタイトルをつけることができます。**

たとえば「節約」ともっとも多く抱き合わせて検索される2位の「レシピ」と3位の「料理」4位の「生活」を合わせて「お料理レシピで節約生活」というタイトルは節約サイトとして、お客さんを集めやすいタイトルと思われます。

無料登録ドットコムのキーワードアドバイスツールプラス（http://www.muryoutouroku.com/）なら、Google、YAHOOのKEIも同時にたしかめられます。検索数に加え、ライバルサイトの多少も調べられるので、あわせて使えばさらに精度の高いタイトルをつけることが可能です。

ターゲットキーワードをタイトルに利用する

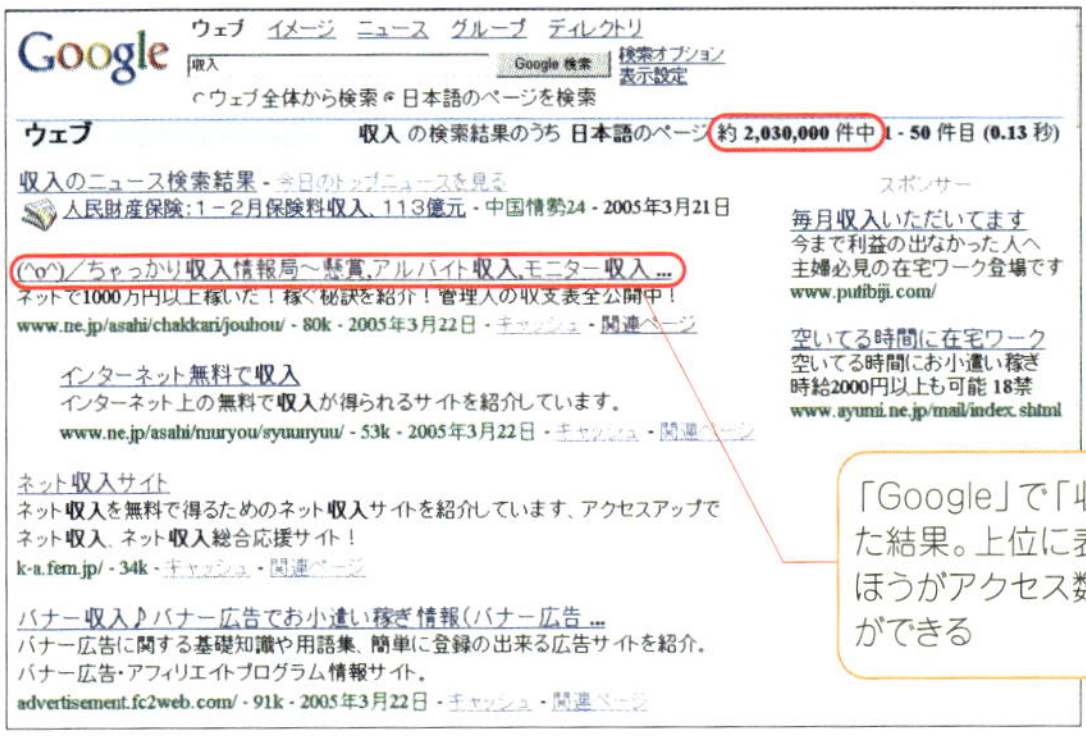

「Google」で「収入」を検索した結果。上位に表示されているほうがアクセス数を伸ばすことができる

キーワードアドバイスツールを活用する

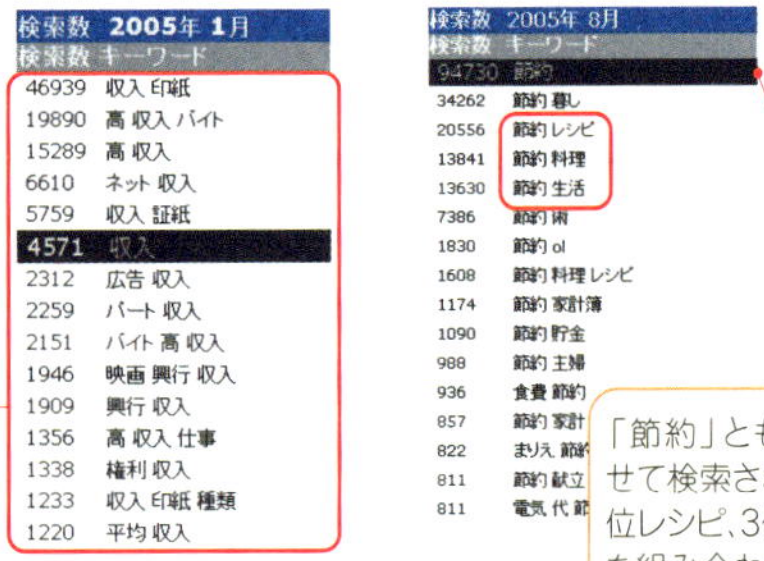

より多く検索されたキーワードを表示

「節約」ともっとも抱き合わせて検索されるキーワード（2位レシピ、3位料理、4位生活）を組み合わせれば、お客さんの関心度の高いタイトルをつけることができる

POINT

- 検索結果のタイトルだけを見て、訪問するかどうか判断されてしまうことが多い。お客さんが検索したキーワードにマッチした内容のHPであるということをアピールしよう。

③検索数が多く、ライバルの少ないキーワードを狙う

有名なキーワードだとライバルも多く、上位表示されることも難しくなります。サーチエンジンからより多くのアクセス数を得るには、検索数は多く、ライバルは少ないほうがよいに決まっています。そこでKEI（Keyword Effectiveness Index キーワード有効指数）という概念を理解してください。

これは一ページにつきどれくらいの検索数があるかを理解するのに役立ちます。もちろんこの数値は高ければ高いほど有利であることはいうまでもありません。

KEI＝月間検索回数の2乗÷結果件数

④有名キーワードをタイトルの中にちりばめる

雑誌、テレビ番組、タレントなどの有名キーワードをちりばめると、他人のふんどしで相撲をとるみたいな行為ですが、効果の高いSEO対策になりますし、あなたのサイトの内容と合致させることによって客質もコントロールできます。

ここ最近のテレビ番組として『ズバリ言うわよ！』（2006年9月現在）は高い視

聴率を誇っています。この番組名を検索している人を目当てにするなら、「節約指南ズバリ言うわよ！」といった感じのタイトルが好ましいです。この番組の視聴者が主婦層であることを考えるなら、節約というテーマにもぴったりあてはまります。

ここで注意したいのは、いくらアクセス数が多くても、たとえば野球の「巨人」のようにそれ専門に取り扱っているサイトがたくさんある場合は、上位表示される可能性も低くなってしまうので、この点でもKEIには注意を払う必要があります。

またあまりに露骨すぎると、訴えられてしまう可能性もありますので、**不自然じゃない程度に織り交ぜる**ことをおすすめします。

⑤目を引くキーワードを混ぜる

無数にある同じジャンルのサイトから、あなたのサイトが選ばれるためにも、一度来たお客さんがそのサイト名を忘れてしまわないようにも、「でっかく儲ける○○」とか「一カ月限定！秘密の○○情報」などの目を引く言葉を入れておくとよいでしょう。

このたぐいのキーワードの使い方は、ゴシップ雑誌などでよく見かける「幸運を呼ぶグッズ」などの広告が参考になります。

⑥タイトルの出だしに気をつけよう

ＹＡＨＯＯに代表されるようにサーチエンジン、リンク集の中に五十音順で上位表示されるところがあります。

正確には記号、数字、アルファベット、仮名の順ですが、もちろん上位に表示されればそれだけアクセス数を稼ぐことができます。

「０からはじめる！ネットで収入５０ｍａｎ」（http://ns50man.jp/）というのはうまいタイトルのつけ方だと思います。

⑦集客的に意味のない文字はなるべくタイトルに使わない

もっともありがちな例として○○のＨＰとか、有名人でもないのに管理人の名前が入っているタイトルをよく見かけますが、ＳＥＯ対策とならない単語は極力入れないようにするほうが無難でしょう。

鉄則 11

収入の窓口を増やし、リスクを分散させる

すべてのツールを使い分け、儲けはトータルで考える

一般的にアフィリエイトで稼げるツールというと、HP、ブログ、携帯サイト、メルマガの4つがあります。

多くの方はブログを作ろうとか、携帯サイトで稼ごうとか、最初に限定してしまいがちです。しかし、**すべてのツールを使いこなして、トータルで勝負したほうが効率的よくアフィリエイト収入を稼ぐことができます。**

最初からいろんなことに手を出すと、わからなくなってしまうと思われる方もいるかもしれませんが、ブログ、メルマガ、携帯サイトは意外なほど簡単にできてしまうものです。

アフィリエイト収入を稼ぐにはツールを使いわけること

	HP	ブログ	携帯サイト	メールマガジン
解説	一般的に知られるHP。	HPに近いもの。Web日記。	携帯電話用のHP。	作成すると登録していた人のもとにメール形式で届く。
備考	アクセスアップも作成も難易度が高いので、ブログから始めた人はなかなか手がつけられないでしょう。	更新すると新着情報として取り上げられるので若干のアクセスアップが期待できます。トラックバック機能も秀逸です。	広告単価が高いうえにクリック率がよいので、アクセスアップに成功するとよい収入源となります。	広告単価が高いので、発行部数が増えればよい収入源となります。また、独自の客層があります。
作成難易度	★	★★★★★	★★★	★★★★★
アクセスアップ難易度	★	★★★★★	★	★★★★
儲かり度	★★★★	★★★★	★★★★★	★★★
将来性	★★★★	★★★★★	★★	★★

評価は5段階評価。上図は筆者の主観。
詳細に関しては次節以降に紹介。
難易度に関しては簡単であれば簡単であるほど星を多くしている。

▼複数のツールを使うと大きなメリットが得られる

①他のツールを作成するときの手間はコピペだけですませる

たとえばHPで書いた文章を、そのまま他のツールに貼り付けてしまえば、それぞれのツールは完成してしまいます。

どれかひとつ作成してしまえば、他のツールを作成するときに、新たにコンテンツを作る手間はありません。

②ツールごとに客層を開拓することができる

ブログは見ないけど、メルマガは見るといった具合に、**それぞれのツールには独自の客層が形成されている**ものです。

もしあなたがブログしか作ってなかったとしたら、メルマガの客層を逃すことになるかもしれません。逆にすべて同時進行していれば「一石四鳥」というわけです。

③弱点を補うことができる

メルマガやブログは更新のたびに新しいお客さんを獲得できます。HPは圧倒的に融通がききます。携帯サイトの広告の報酬単価は非常に魅力的です。それぞれのツールはほかにない利点があります。**すべてを駆使すれば互いの弱点を補えるのです。**

④相乗効果が見込める

HPを気に入ってくれたお客さんが、メルマガにも登録してくれるということはよくある話です。それぞれに貼られている広告が別のものだとしたら、一人のお客さんで何回も収入を獲得できる可能性があります。

⑤リスクが分散できる

稼いでいたサイトを、何らかの理由で閉鎖せざるをえないということはめずらしくありません。私自身も何度かそういう経験をしています。

ネットの世界はいつ何が起こるかわかりません。

どれかがだめになっても大丈夫なように、リスクを分散しておくことが大事です。

鉄則 12

簡単に作成できるブログはアフィリエイトの即効ツール

▼▼▼これから始める初心者でも明日から稼げる！

ブログとは「WEB LOG」の略称で、ネット上の日記、あるいは簡単にできるHPといってもいいでしょう。

最初に初期設定をすませてしまえば、メールを出すくらいの気軽な感覚で、簡単に作れてしまいます。

またトラックバックシステムやPING送信（更新したことをお知らせするシステム）に加えて、SEO対策までしてくれるブログサーバーまであるので、アクセスアップが比較的容易になっています。

これから始める初心者にも、これまで成功できなかった人にも、明日から稼げるツールといえるでしょう。

ひとつのIDで複数のブログを管理

POINT

- 「Seesaaブログ」は、次のページで解説しているブログ選びのポイントのほとんどをクリアしているうえに、ひとつのIDで複数のブログを管理できるので便利。
  http://blog.seesaa.jp/

▼ブログで儲けるためにはコツがある

①どこのブログサーバーにするかを吟味する

ブログはどこのブログサーバーを選択するかによって、儲かるかどうか決まってしまうところがあります。

いかに有利なサーバーで勝負するかということは、ブログで稼ぐうえで、もっとも重要なことといえるかもしれません。

よいブログサーバーの基準は次のとおりです。

- **アフィリエイトが禁止されていない**……禁止されているなんて論外です。
- **独自ドメインが使える**……サーバーを引っ越すときにものすごく便利です。
- **新着記事として取り上げられたときにアクセス数が多い**…ブログのメリット。
- **トラックバックシステムが盛んである**……サーバーによってかなり違います。
- **SEO対策をしている**……融通がきかないだけにこれがあるとありがたい。
- **広告が入らない**……勝手に広告が入るとサイトのイメージが変わってしまいます。

②RSSとの連携を取り入れる

RSS（Rich Site Summary）はわざわざブログにアクセスしなくても、更新した情報をお知らせするというツールです。まだ始まったばかりなのですが、非常に便利なのでこれから普及していくことは間違いありません。先駆け的に取り入れることができればアフィリエイトを稼ぐことができるはずです。

PING送信できる先をなるべく多く確保して、より多くの人のRSSに対応をするようにしてください。

③人格を全面的に出す

ク、コメント、掲示板と双方向性に秀でるブログを最大限に活用するに
ャラクターを全面的に出すのがよいでしょう。
ある情報よりも、**管理人とのやりとりが楽しくて、遊びに来ると**
さんにするのです。
たやり取りは時間がかかる割には収入につながらないケースが多く、そ
せを受けたりするケースもあります（詳細は鉄則30）。

鉄則13

メルマガでHP、ブログの欠点を補おう!

数少ない貴重なツールで積極的に情報を配信しよう

メルマガとはメールマガジンの略称で、メール形式で発行する読み物のことです。

HPと比べるとブログは簡単に作成できますが、メルマガはさらに簡単に作成することができます。基本的に客層が違うので、HP、ブログの内容をそのままコピーして貼り付けるだけでも問題ありません。

個人で発行する場合は**「まぐまぐ」**(http://www.mag2.com/)のようなメルマガ発行スタンドを利用することをおすすめします。

簡単に発行できるばかりでなく、**創刊すると新作情報として紹介されますから、発行部数を増やすことができるのも大きな魅力**といえるでしょう。

また、メルマガは情報を配信すると購読者のもとに届くという、圧倒的なメリットがあります。HP、ブログはお客さんのアクセスがあったときにはじめて情報を提供できるという受動的な欠点がありますが、メルマガはその欠点を補うことができる数少ない貴重なツールです。無料レポートという新しい手法と組み合わせれば、さらに活用の場が広がるでしょう。

実際、**メルマガを発行したときはHP、ブログのアクセス数まで上がるので、大きな相乗効果が期待できます。**

さらに、メルマガ向け広告は単価の高いクリック保証型広告もあります。それらを利用することで、より一層収入を獲得することができます。PC版ASPも積極的にメルマガ向け広告を取り入れているため、選択の幅はかなり広いです。

ただし、一見よいことずくめのメルマガですが、利用しているメルマガ発行スタンドがなんらかの形でサービスをやめてしまったら、それまで集めたお客さんがすべて水の泡となってしまうという致命的な欠点があります。実際に私は、もっとも力を注いでいた発行スタンドがつぶれてしまった経験があり、大変残念な思いをしました。また、RSSの出現により、メルマガ自体の人気も下降気味です。

とはいえ、手間のかからない割には効果の大きいツールですから、ぜひ活用してください。

▼コツを押さえればメルマガでの儲けが期待できる

①HP、ブログとの相乗効果を図る

たとえばメルマガに登録してくれた人だけを対象とした懸賞を実施するなど、**メルマガでしか提供しないコンテンツを実施**すれば、受身的なHP、ブログの欠点を補うだけではなく、相乗効果的に利用客を増やすことができます。

ちなみに懸賞を実施していることを複数の大手懸賞サイトで発表してもらうと、爆発的なアクセス数を期待することができます（詳細は鉄則46）。

②複数のメルマガ発行スタンドにまったく同一内容のメルマガを登録して発行する

まったく同じ内容のものをコピーして貼り付けて、別のメルマガ発行スタンドで発行することができます。もちろん発行部数を増やすこともできますし、バックナンバーを表示しておくとSEO対策にもなります。手間の割には「効果が絶大」といえるでしょう。どうせやるなら取りこぼしのないよう徹底しましょう。

「まぐまぐ」などのメルマガ発行スタンドを利用する

POINT

- 「まぐまぐ」は、読者数も、発行されているメルマガも、圧倒的に多いメルマガ発行スタンド。
- 規約に反しない限り、発行すること自体はそれほど難しくない。

鉄則
14

携帯サイトは手間をかけずに破格の収入が実現できる

▼▼▼アクセスアップに成功すれば、印税生活が見込める！

携帯サイトは、携帯電話で見られることを前提として作られたHPのことです。画面が小さいので、掲載できる情報量が少ないうえに、表示スピードが遅いので、重たい画像などが使えず、もっぱらテキストコンテンツが主体となります。

したがってPC版HPと比べてもずっと簡単に作成できます。モブログ（携帯電話向けのブログ）を利用すればさらに手間はかかりません。

また基本的に客層が違うのでHP、ブログの内容をそのままコピーして貼り付けるだけでも問題ありません。

画面が小さいということは広告の占める割合が大きくなるので、誤ってクリックされてしまう傾向があります。実際に**携帯サイトのクリック率はPC版のそれよりも**

1桁違います。

そのうえ、携帯サイト向けの広告はクリック保証型のものが多く、1クリック5～20円ときわめて高い金額に設定されています。

アクセスアップの方法論が一般的に広まってないので、そこさえクリアしてしまえばもっとも儲かる可能性が高いです。

実際、アクセスアップに成功している大手携帯サイトの管理人は月に数百万円～数千万円という破格の金額を稼いでいます。携帯サイトで成功すれば夢の印税生活は間違いありません。

ところで数年前に発売された京ぽん（AH-K3001V）はPC版HPを見られるPHSとして大変な人気になりました。

今後、携帯電話でもPC版のHP、ブログが見られるようになるそうです。そうなったとき、携帯サイトの存在意義がどうなってしまうのか、先行き不透明ではあります。

鉄則15

HPは中・上級者向けツールか？

不便だからこそ融通がきくという強みを生かそう

HPというのは、正式にはトップページのことであり、トップページにすべてのサブページを含めたものは、「WEBサイト」と呼ぶのが正式です。しかしこの本では一般的に普及している「ホームページ」もしくは「HP」という表現を使うことにします。

HPはHTMLという言語を直接打ち込んで作るか、「ホームページビルダー」などのHP作成ソフトなどを用いて作られますが、いずれにしてもブログやメルマガなどに比べると、作成に手間と時間がかかり、アクセスアップも容易ではありません。

ブログが台頭した現在、HPというものはいいところがないように思われる方も多いのではないでしょうか？

しかし、ブログのようにいろいろなものが用意されていると、簡単にできる一方、ある程度HPを作った人から見ると、かえって不自由に感じるかもしれません。

加えて、**ブログの場合は選択したブログサーバーの規約、制約がネックになることもありますが、HPはどんなものを作っても、基本的には自由です。**

またアクセスアップにしても、微妙な調節や対策が功を奏すると考えられます。たとえば、最近ブログでもSEO対策がとられるようになりましたが、まだ洗練されたHPを差しおいて、最上位に表示されることはないようです。

ブログからアフィリエイトを始めた人は、行き詰まったとき、ブログの中で何とかしようと考えるはずです。わざわざ難しいHPの作成に着手する人は少ないはずです。ですから今後増えるであろう、ブログしか作れない人たちと差別化を図るのは難しくないでしょう。

HPはすでに中・上級者向けツールといえるかもしれません。**しかし用意されたものがなく、融通がきくからこそ、可能性は無限といえるはずです。**

すべてのツールを取り入れつつ、それらの中心としてHPを活用しましょう。

鉄則16

メインASPの選択を誤るな!

A8ネットを軸にして、足りない広告はよそで補おう

「ASP」とはアフィリエイト・サービス・プロバイダの略称で、WEBマスターとスポンサーの間を取り持つアフィリエイトの広告仲介業者のことです。

各ASPは複数のASPと契約することを認めているので、どこと契約すればよいというのではなく、誠実に運営しているところなら、なるべく多くのASPと契約すればよいということになります。

しかし一定の限度額以上の売り上げを満たさないと、報酬の支払いは翌月に繰り越すという制度をとっているので、**分散して広告を貼るのは効率的といえません。**

必然的にメインとなるASPをどこにするかという選択を迫られるわけですが、基本的には「A8ネット」がおすすめです。

▼ASPはそれぞれ特徴が異なる

①A8ネット（http://www.a8.net/）

登録時にほとんど審査がないので、規約に反しない限り、たいていのHP、ブログが登録できます。

広告の質、量ともに抜群なので、自分のサイトにあった広告を選択しやすいといえるでしょう。初心者にも扱いやすく、豊富なデータがとても参考になります。

ASPはここひとつあれば相当まかなえるはずです。総合的に考えるとイチオシのASPです。

②リンクシェア（http://www.linkshare.ne.jp/）

有名企業と多く提携しているため、よそのASPにはない、知名度の高い商品の広告を貼ることができます。

こうした商品はテレビなどでも宣伝されているので、消費者に対するアピール度が違います。CSVファイルが用意されているので、大量ページのHPを一瞬で作成することができます。

③ JAnet (http://j-a-net.jp/)

スポンサーから支払われる金額に対して、ASP側の取り分がよそよりも低めに設定されており、その分WEBマスターに還元しています。したがって基本的に同じ広告なら、よそのASPよりも高い報酬が期待できます。

マイナー企業の広告も多いので、使い方によってはバリエーションが広がります。

④ バリューコマース (http://www.valuecommerce.ne.jp/)

スポンサーの種類、量だけでいえば他の追随を許しません。同一内容のサイトを管理している場合は申請しなくても広告が貼れるというのも好感がもてます。

広告の貼り方があまりにも複雑すぎて、時間と手間がかなりにかかるという点が難点ですが、CSVなど新しいツールも意欲的に取り入れられているので、非常に利用価値の高いASPとなるでしょう。

4つのASPの特徴

A8ネット
(http://www.a8.net/)

広告の質、量ともに抜群。初心者にも扱いやすい。ここひとつでほとんどカバーできる。

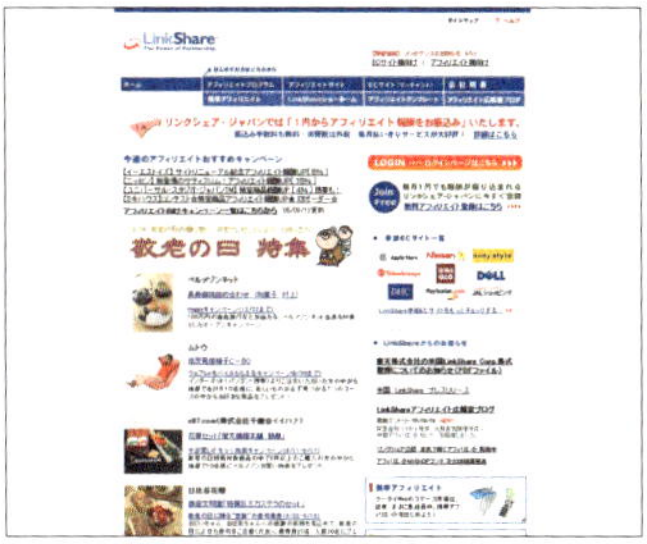

リンクシェア
(http://www.linkshare.ne.jp/)

広告数は少ないが、有名企業と提携しているので、知名度の高い広告を貼ることができる。

JAnet
(http://j-a-net.jp/)

マイナー企業も多いが、使い方によっては高い報酬が期待できる。

バリューコマース
(http://www.valuecommerce.ne.jp/)

利用価値の高いサイトだが、広告の貼り方がやや複雑。

鉄則17

秘策を使ってセキュリティ対策を万全にする

お金の源であるパソコンをウィルスや悪質なハッカーから守ろう

ＨＰを作り、メールアドレスを公開してしまうと、毎日たくさんの迷惑メールが当然のように送られてきます。

出会い系サイトへの誘導メールや商品の広告ならまだかわいいもので、詐欺メール、ウィルスメールなど種類もさまざまです。

精神的なストレスだけならまだしも、ウィルスに感染してしまったら、お金を稼ぐためのＨＰをあきらめざるをえないばかりか、他人に被害をおよぼす加害者になってしまう可能性まであります。

ここでは迷惑メール対策だけではなく、お金の源であるパソコンのセキュリティ対策全般を紹介します。

▼セキュリティ対策の基本を身につけよう

①ウィンドウズのアップデートをまめにする

ほとんどの人がOSにウィンドウズを使用していると思われますが、その圧倒的なシェアゆえにウィルス、ハッカーの攻撃対象になりがちです。

これらに対してマイクロソフト社もまったく無策というわけではありません。新種の攻撃に対抗できるよう、日々アップデートを繰り返しています。

買ったままの状態で、パソコンを使い続けることは大変危険です。自動更新の設定をするか、1週間に1回くらいの割合でアップデートをしておきましょう。

「スタート」→「すべてのプログラム」→「Windows Update」→「優先度の高い更新プログラムを入手します」でアップデートしてください。

②セキュリティソフトを入れる

さらにセキュリティを補うには、アンチウィルスソフトやファイヤーウォールソフトを入れるのが常識です。無料でも配布されており、入れないよりはよほど安心なので、せめてこれらを導入しましょう。

私の場合は常駐のセキュリティソフトとしてシマンテック社の「ノートン・インターネットセキュリティ」を利用し、「bitdefender」（もっともウィルス対策が早いといわれているフリーソフト）、「Spybot」（スパイウェア対策としてもっとも優れているといわれているフリーソフト）、「A-SQUARED」（トロイの木馬対策としてもっとも優れているといわれるフリーソフト）などで補うようにしています。

③サーバー側でもアンチウィルス対策をしておこう

大抵のメールサーバーは有料でウィルス対策をしてくれるところがあります。それほど料金も高くないので、**パソコン側と二重にウィルス対策**をしておきましょう。

④独自ドメインのメールを使おう

有名なプロバイダのアドレスはとくに攻撃の対象になります。自分だけしか使わないドメインのメールアドレスを使用しましょう。

独自ドメインのメールアドレスは、ＨＰ、ブログのサーバーで使うドメインをとれば無限に作ることができます（詳細は鉄則20）。

⑤アドレスは画像で表示しよう

メールアドレスは自動巡回ソフトで収集されることが多いです。その場合、メールアドレスをテキストリンクではなく、「.jpeg」や「gif」などの画像で表示しておくと収集されることはありません。

⑥メーラー、ブラウザは標準搭載されているものを避ける

ウィンドウズに標準搭載されているブラウザは、「インターネットエクスプローラー」であり、メールソフトは「アウトルックエクスプレス」です。多くの人がこれらを使っていますが、それだけに攻撃の対象になりやすいのです。**両方とも他社製のものを使うだけで、まったく被害を受けなくなるというケースも少なくありません。**

他社製のブラウザ、メーラーというとMozilla（http://www.mozilla-japan.org/）の「Firefox」と「Thunderbird」は無料で手に入るうえに、非常に使いやすく、カスタマイズ性に優れたソフトとして世界的に人気です。

Mozilla

●Firefox

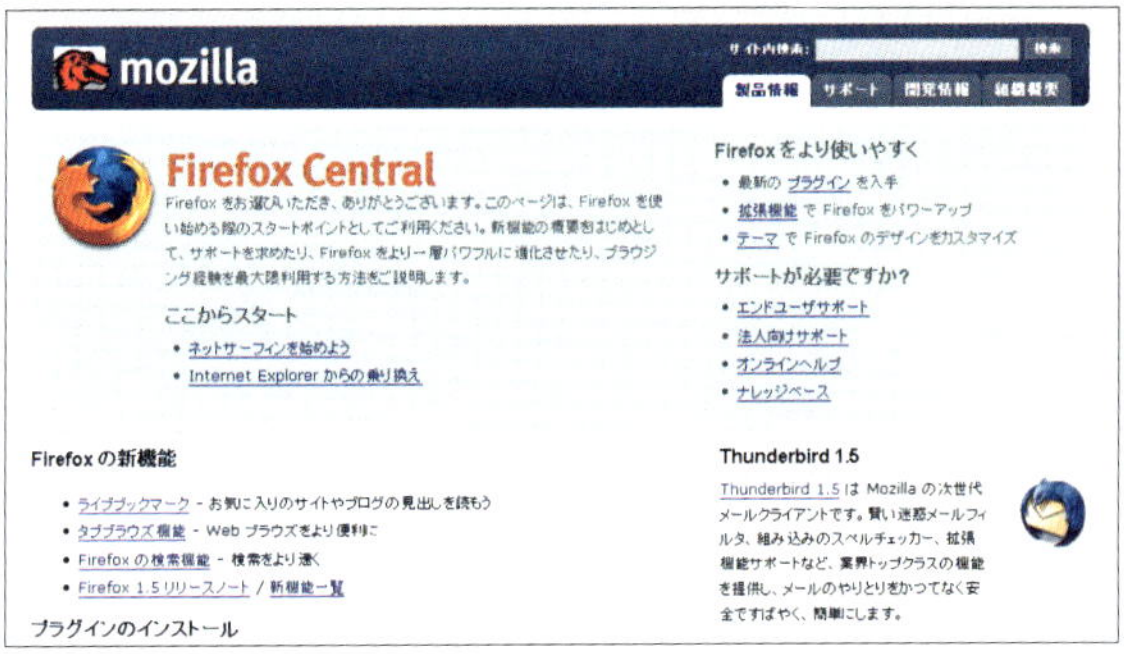

●Thunderbird

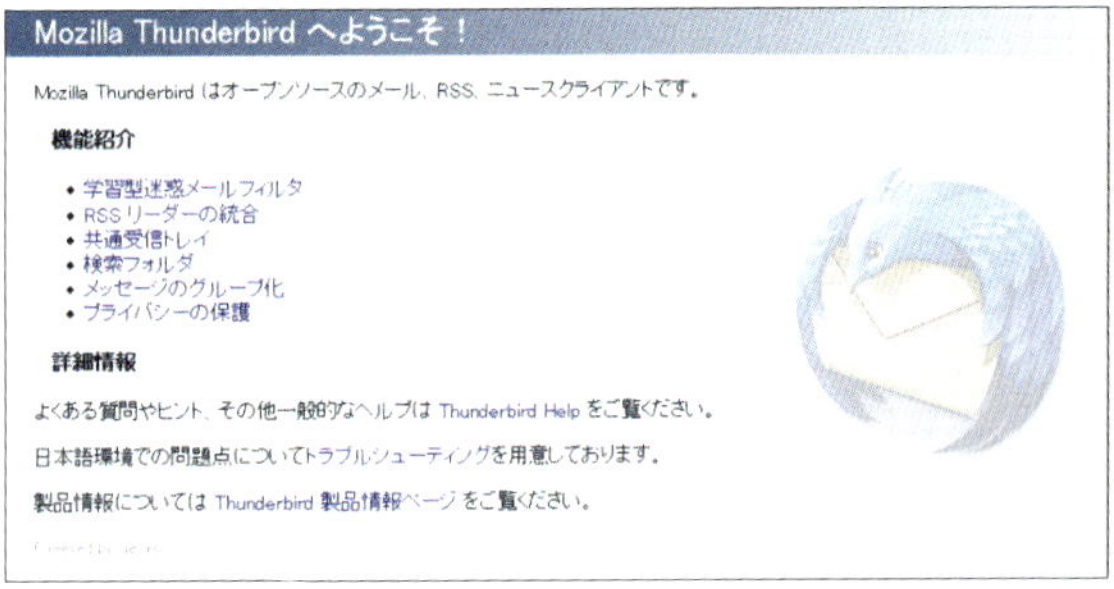

POINT

- このサイトでは世界的に高い評価のブラウザ（Firefox）、メーラー（Thunderbird）を手に入れることができる。
- セキュリティに優れているだけでなく、便利な機能も満載。
  http://www.mozilla-japan.org/

⑦大事なデータはCドライブ以外に入れておく

パソコンは元来消耗品なので、いつ壊れてもおかしくありません。作ったHP、メール、お気に入り、個人情報などをCドライブ以外のところに入れておくようにすれば、パソコンが壊れたときでも、よほどのことがない限り復活させることができるはずです。私の場合は大事なデータや個人情報は**フラッシュメモリーや外付けHDD**に入れておいて、必要なとき以外は使わないようにしています。

⑧更新のたびにバックアップをとっておく

どんなに細かい更新をしたときも極力バックアップをとるようにしています。間違ったデータを更新してしまったとき、パソコンが壊れてしまったとき、サーバー側のミスでアップしていたデータがすべて消えてしまったとき、アフィリエイトで生活している経験が長くなると、こうした用心でどれだけ助かったかわかりません。最近では自動的にバックアップしてくれるソフトもあるので、とても便利です。

第2章▶作成編

収入を呼び込むページ作りを覚えよう!

HPやブログは、あくまでもお金を儲ける手段にすぎません。ですから、時間や手間をかけずに、できるだけすみやかにアクセスアップを図りましょう。見映えも大切ですが、それ以上に、戦略性の高いサイトを立ち上げて、リピーターを確保することに注力するべきです。

鉄則18

作成する時点からアクセスアップを狙う

何のために作成しているかを明確にしよう

「アフィリエイトで儲けよう」と志す人が、あまりにも立派なHP、ブログを作ろうとして、作成に時間と手間をそそぐあまり、アクセスアップをする前に力つきてしまう、ということとは本書で何度も述べていることです。

この本を手にしている皆さんはお金を儲けることを目的としているわけであり、立派なHPを作るということが目的ではないはずです。**作成に時間をとられず、早い段階でアクセスアップをしてお金を儲けるという目的意識を強くもつ必要があります。**

こうした目的意識をはっきりさせるために、HPやブログの作成はアクセスアップと同時進行で行なわれるべきです。

▼作成とアクセスアップを同時に行なうためには……

①未完成のままでもアップしよう

自分が満足いくまで時間をかけようとしていては、いつまでたってもアップできません。未完成のままアップしてしまいましょう。

「早く完成させないと」という気持ちが、自然と完成を早めます。デザインなんて完璧である必要はまったくありません。

また、ロボットサーチエンジンに反映されるには、1～2カ月程度の時間がかかるので、**未完成のままアップしておき、姉妹サイトやリンク集などに登録しておいて、スパイダー（インターネットを巡回して、WEBページを収集するロボットのことで、ロボット型サーチエンジンのデータとなります）が来るのを待ちます。**

その間に完成させれば、完成したのにお客さんが来ないという時間のロスを防ぐことができます。当然、収入も早い段階で獲得できます。

未完成のままアップしてしまうことには抵抗があるかもしれませんが、気にする必要はありません。お客さんの来ないうちから、完成度を気にするのはナンセンスです。

私の場合はタイトルが決まった時点でほとんど白紙のままアップしています。**未完成でも気にしないでアップしてしまうというのが、すぐに収入を稼ぐ秘訣です。**

②最初からSEOを意識して作成する

ＳＥＯは昨今のアクセスアップ術の中心的存在であり、成功するための必須項目といえます。

しかしＳＥＯというのはアクセスアップさせるための技術ではあっても、作成の段階で行なわれてしかるべきものです。完成させてから、ＳＥＯに合わせて全部作り直すというのでは2倍の手間がかかってしまいます。どうせなら最初から意識して作ってしまいましょう。そのためにはＨＰや、ブログを**作成するよりも先にSEOのテクニックを理解しておく**必要があります。

白紙のページをアップする際も、**タイトル、ディスクリプション、キーワードを各メタタグに加えておくと効果的**です。

また、サブページ（トップページ以外のページ）も、コンテンツがない状態で、トップページからリンクしておけばより一層よいでしょう（詳細は鉄則34）。

未完成のままでもアップする

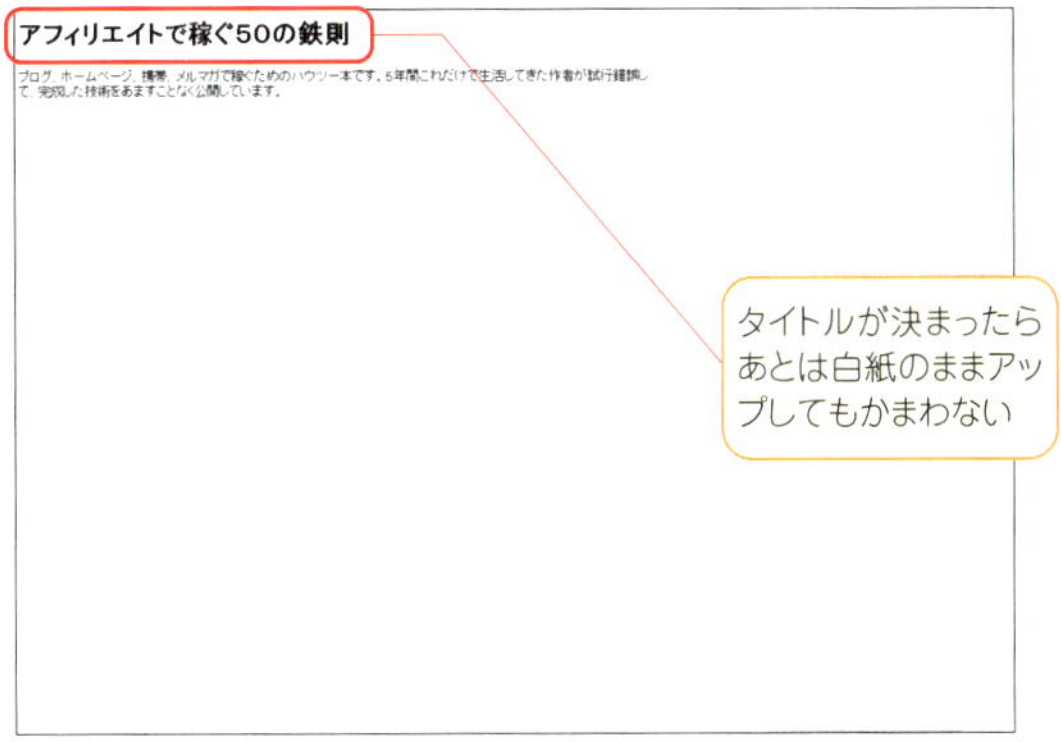

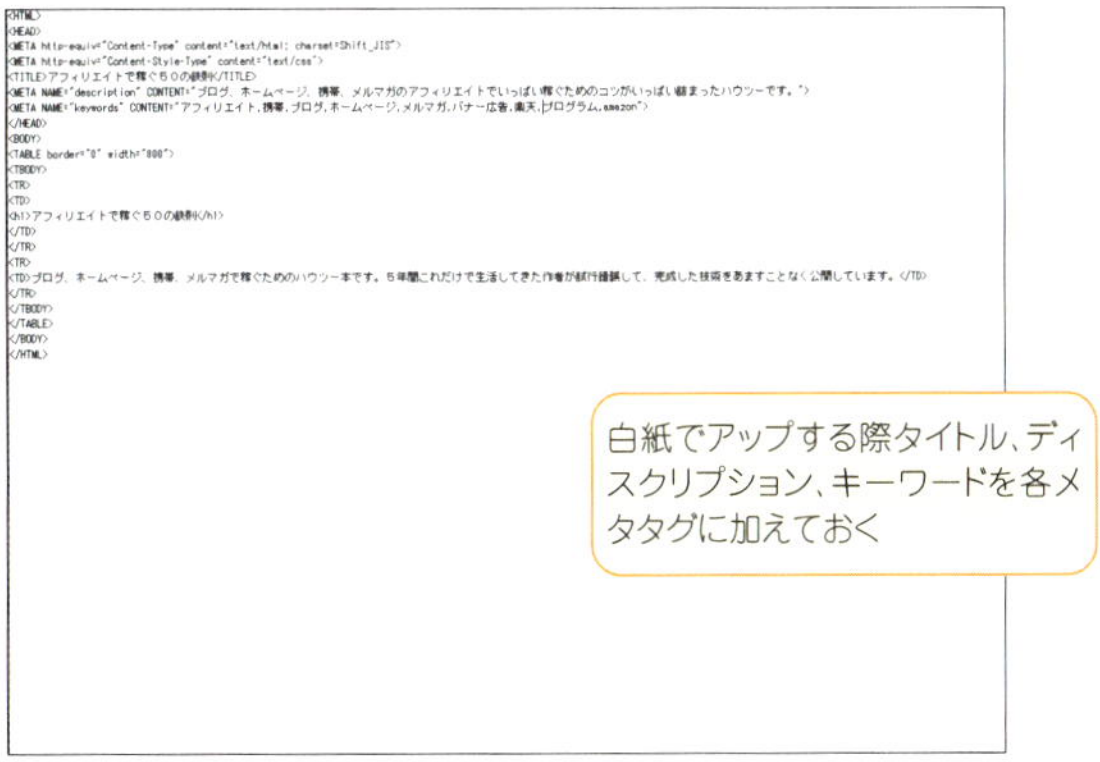

POINT

- まだできていない段階でアップをすませておくことがコツ。その場合でも各種SEO対策を施しておくと、早い段階からアフィリエイト収入を獲得することができる。

鉄則19

サーバーは有料サービスのものを使おう

▼▼▼使ったお金以上に手に入るサービスを堪能しよう

HP、ブログを建物にたとえるなら、HPスペース（以下、サーバー）は土地にあたるものです。当然、なくてはなりません。

サーバーは、プロバイダがサービスで提供するもの、無料のもの、有料のものの3つに分類することができます。

この中で、プロバイダは一般的に有料ですが、アフィリエイトで稼ごうとしている皆さんは、きっとどこかに加入していることでしょう。

最近はどこのプロバイダでも、HPスペース用のサーバーを無料で貸してくれているので、それを利用すればお金をかける必要はありません。

また、無料のレンタルサーバーはYAHOOをはじめ、いろいろなところが提供しているので、簡単に見つけることができるでしょう。

しかし私はあえて**有料サーバーをおすすめします。**というのも有料サーバーは先の両者と比較して、以下のようなメリットがあるからです（注：サーバーによって、サービスは異なります）。

▼有料サーバーのメリット

- **広告が表示されない**……デザインだけでなく、雰囲気も損ねてしまいます。
- **独自ドメインが使える**……サーバーを引っ越すときにとても便利です。
- **容量が大きい**……無料のものだとせいぜい50MBくらいしかありません。
- **CGI、SSI、PHPなどの使用制限がない**……いつか使いたくなります。
- **表示スピードが快適**……表示速度が遅いと訪問者にストレスを与えます。
- **メールサーバーとしても使い放題**……HP、ブログ以外にも使えます。
- **勝手にファイルを削除されることが少ない**……無料はうるさくて厳しいです。
- **無料のところに比べると無責任ではない**……質のよいサービスが期待できます。

結論的には、**お金を払ってでも有料サーバーを使うべきです。**

無料で借りられるのに、どうしてお金を払わなければならないの？　と思われる方もいらっしゃるかもしれません。

実際、私も最初は、無料レンタルサーバーを使っていました。しかし、今は新しく作るサイトは必ず有料サーバーを利用しています。

「ちゃっかり収入情報局」はプロバイダが提供するサーバーを利用していましたが、あまりの不便さにトップページ以外の全ページは有料サーバーに移動しています。

というのも、アクセスアップをすませてしまった後でしたし、引っ越すとなると、多くの相互リンク先にURL変更を求めなければならず、トップページだけはどうしても移動できなかったからです。

有料サーバーは、お金を払うことや技術的に敷居が高く感じられたりして、敬遠する人もいるでしょう。しかし無料サーバーを使い続けていると、成功するにつれ、最初は何とも思わなかった不便さを感じるようになるでしょう。

わずかなお金にこだわらずに最初から有料サーバーを使うべきです。

サーバーは有料サーバーがおすすめ

2006年1月時点で申込み総数は30万人オーバー
ウイルス駆除、スパムフィルタが標準装備
ホームページの設置、インターネットショッピングの運営、ブログの設置などさまざまなサービスが受けられる
月額263円から のナウでヤングなレンタルサーバー！
ロリポップならいろんなことが出来ます！

POINT

- レンタルサーバー「ロリポップ」はもっとも安いプランだと月々263円。もちろんCGI、SSIも使える。
- A8ネットを通して申し込めば、その費用の50%が報酬として返ってくる。
http://lolipop.jp/

鉄則 20

世界でたったひとつ、自分だけの「独自ドメイン」を取得しよう

▼▼▼サーバーを引っ越すときに便利さを理解できる

HP、ブログが建物で、サーバーが土地だとすると、**ドメインとはインターネット上の住所のようなものです。**

「ちゃっかり収入情報局」の場合はhttp://www.chakkari.net/が住所（URL）となり、その中でも「chakkari.net」という部分のことをドメインと呼びます。この独自に取得したドメインのことを「独自ドメイン」といいます。

アフィリエイトで成功するためには失敗を避けて通ることはできませんが、私にとって、もっとも致命的だったのは、この独自ドメインを最初に取得していなかったことです。

独自ドメインを取得しよう

トップページのURL
http://www.ne.jp/ashahi/chakkari/jouhou/

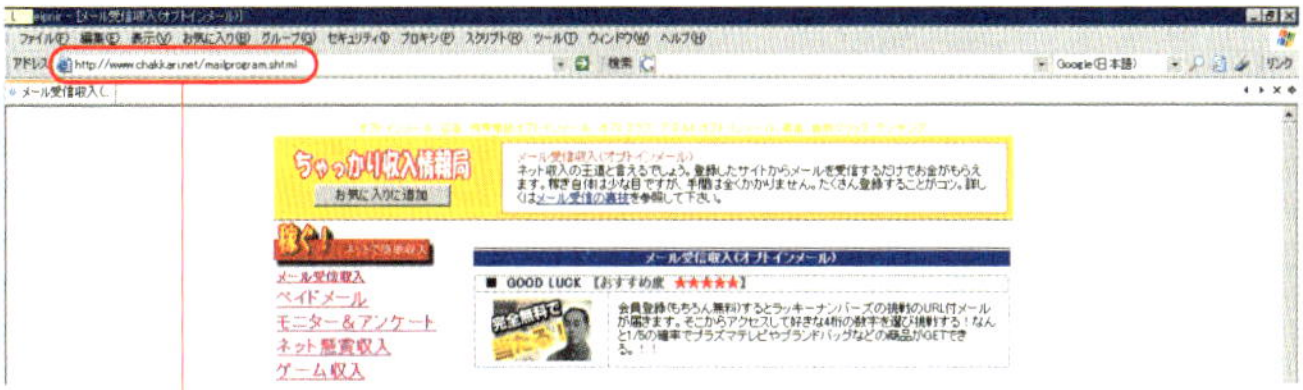

もうひとつのページ（メール受信ページ）のURL
http://www.chakkari.net/mailprogram.shtml

POINT

- トップページのURLがhttp://www.ne.jp/asahi/chakkari/jouhou/で、もうひとつのページがhttp://www.chakkari.net/mailprogram.shtml
- このサイトは私が作った2番目に古いものであり、サーバーや独自ドメインの知識がなかったため、結果としてトップページ以外のページをよそのサーバーに引っ越している。そうまでしてでも独自ドメイン、有料サーバーというのは便利である。

「ちゃっかり収入情報局」は私にとって2作目のHPだったので、未熟な私はプロバイダの提供するHPスペースを使っていました。当然プロバイダのサブドメインに甘んじていたわけです。

現在、「ちゃっかり収入情報局」はトップページ以外のページはすべて別のサーバーにおいてあるのに、トップページだけプロバイダのサーバーにおいてあります。

▼独自ドメインには多くのメリットが存在する

①サーバーを引っ越すときにURLを変更しないですむ

これこそが独自ドメインをとる最大のメリットといえるでしょう。

もっと条件のよいサーバーを見つけたり、サーバーから追い出されてしまったり、サーバー自体がつぶれてしまったりと、サーバーの引越しを余儀なくされた場合でも、**独自ドメインだったら、URLを変更する必要がありません。** URLの変更はそれまでのアクセスアップの努力を無にしてしまいます。

とくに提供するサーバーによって大きくサービスが違ううえに、これからどんどん変化していくブログにいたっては、独自ドメインの使用は必須といえるでしょう。

②SEO対策になる

Ｇｏｏｇｌｅの検索結果は同一ドメインの場合、２つしか表示されません。結局そのドメインの中でベスト２に入らなければＧｏｏｇｌｅは紹介してくれません。これは独自ドメインであるならまったく心配ないことです。

③信用がある、かっこいい

独自ドメインかどうかということはあまり目立つことではありませんが、意外とお客さんは見ているものです。

商用サイトの場合、無料スペースのアドレスというだけで信用がた落ちです。

④好きなメールアドレスを取り放題

独自ドメインを取得しておけば、＠の前の部分を変えるだけで、いくらでもメールアドレスを取得することができます。ＨＰ、ブログを作成するにあたって複数のメールアドレスがあるということはいろいろな場面でとても便利です。

▼ドメインの取り方によって儲けが変わる

①なるべく短いドメイン名にする

とくに携帯サイトの場合、URLを打ち込んで、サイトを訪問する人がいます。ドメインは短ければ短いほどよいことはいうまでもありません。

②検索されそうなキーワードを織り交ぜる

サーチエンジンはドメインの中にある言葉も検索の対象にします。SOHOなど、**日本でも横文字で通じるキーワードを織り交ぜたドメイン名は有効です。**たとえば節約は英語で「saving」ですが「setuyaku」とローマ字打ちしたドメインにすると、SEO対策となります。

③取得代行サービスも併せて利用する

名前、住所、電話番号、メールアドレスといった個人情報を公開することのないよう、安全のためにも名義を代行してくれるドメイン取得代行業者を利用しましょう。

儲かるドメインの取り方（ドメインサーチ検索結果）

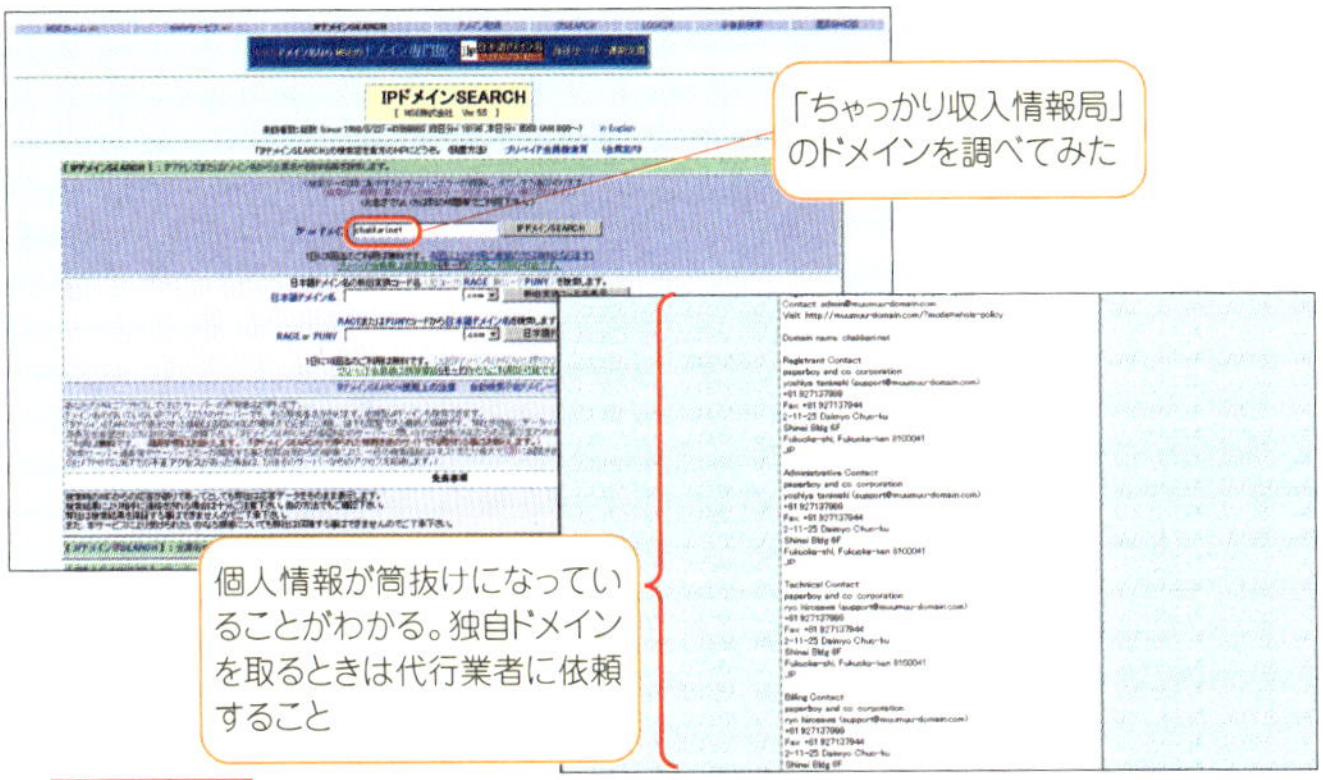

POINT

- 「ちゃっかり収入情報局」のドメイン「chakkari.net」をドメインサーチ（http://www.mse.co.jp/ip_domain/）で調べてみた。すると個人名、電話番号、住所などの個人情報が筒抜けになっていることがわかる。不用意に独自ドメインを取得することはやめて代行業者に依頼すること。ちなみに上記の個人情報は「MuuMuu Domain」のもの。

税込693円よりドメインを取得できる。「.com」は808円／年～「.jp」は3685円／年～
独自ドメインを取得すれば検索エンジンで上位表示をねらうことも

POINT

- 「MuuMuu　Domain」は、「ロリポップ」が提供するドメイン取得サービス。http://www.muumuu-domain.com/

鉄則 21

デザインは〝時間をかけずにかっこよく〟を目標にしよう

▼▼▼自己流では時間もかかるし、かっこよくもならない

HPを作成した当初は、誰もがすばらしいデザインのものを作りたいと思います。費やせる時間のほとんどをデザインに注いでいる人をよく見かけますが、必ずしもそのことがアクセスアップ向上に直結するわけではありません。

なかなか理解してもらえないことなのですが、**デザインというのはアクセスアップの一要因**でしかありません。アクセス数が多ければ、デザインなんて酷くてもさほど問題ないのです。

デザインに関しては「**いかに時間をかけず、かっこいいデザインを作るか**」ということを目標にしてください。すばらしいデザインのHPを作ることを目的としてはいけません。

この本を手にする皆さんはお金を稼ぐためにHPを作っていることでしょう。ならばほかにやるべき重要なことはたくさんあるはずです。

デザインにはなるべく時間をさかないでよいものを作る、そういう努力をしてください。

▼時間をかけずかっこいいデザインのHPを作るためには……

①テンプレートを使う

時間をかけずに優れたデザインのサイトを作る最高の方法は、テンプレートを使うことです。

テンプレートとはWEBデザイナーがあらかじめデザインしたHPのひな型のことで、ロゴ、画像、文章を変えるだけで優れたデザインのサイトを簡単に完成させることができます。インターネット上では無料でテンプレートを配布しているサイトがあるのでそれを利用するとよいでしょう。

もちろんプロがお金を取って作っているテンプレートには及びませんが、それでもデザインに自信のない人が一から作るよりもずっと時間を短縮することができます。

②写真画像素材を使う

トップページに写真画像を載せるということに多くのWEBマスターが拒否反応を示します。というのも、ダイアルアップ回線だったころから、いかに軽いトップページを作るかということがとても重要なテーマだったからです。

トップページの目立つ位置に写真画像を使うだけでイメージは一変し、よそのものと差をつけることができます。

ちなみに最近私が作るHPは、先述のテンプレートに写真素材をくっつけて終わりにしています。そんな簡単に作ったHPでも十分儲けられるのです。

③デザインのためのバナー広告を貼る

ASPが提供するバナー広告はプロが作っているので、当然スタイリッシュなものが多いです。これらを**収入のためにではなく、自分のHPをかっこよくするために貼りましょう。**それだけでページ全体がかっこよくなったように見えます。

テンプレートを利用して時間をかけずにHPを作る

テンプレートはHPやブログのひな型のこと。インターネット上では無料でテンプレートを配布しているサイトもある

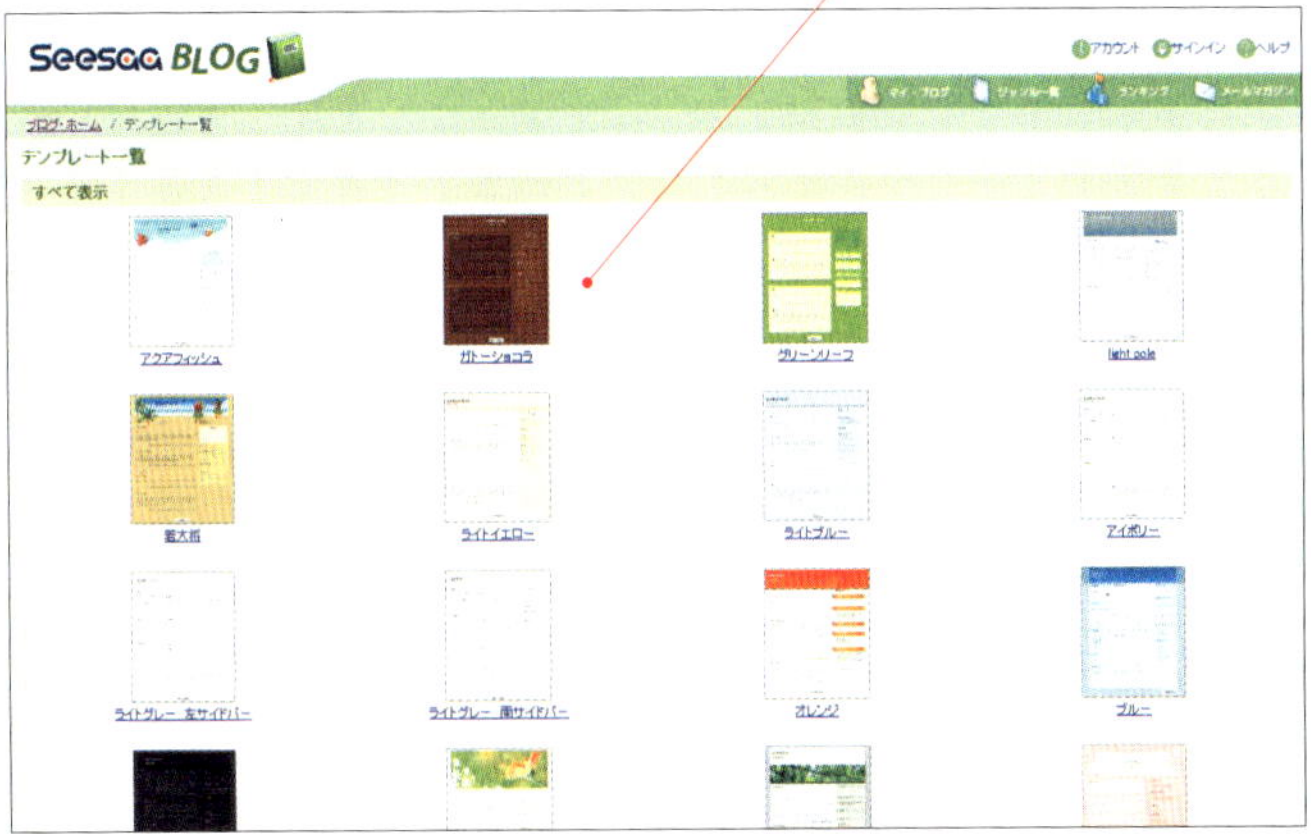

POINT

- ブログの場合はさまざまなテンプレートが最初から用意されている。それがたとえHPであっても極力こうしたものを見つけ、活用して、時間と手間を省略するというのがアフィリエイトで成功を収める秘訣となる。「シーサー・ブログ」にもさまざまなテンプレートがある。
http://blog.seesaa.jp/

鉄則22 トップページはサイトの看板である

▼▼▼スピード、デザイン、使いやすさ、SEO。求められるものはあまりにも多い

HPにしろ、ブログにしろ、携帯サイトにしろ、トップページがそのサイトの看板であることに異論を唱える人はいないでしょう。

お客さんが最初に訪れるのも、トップページであることが多いです。ということは、もしトップページに何らかの致命的な問題があった場合、ほかにどんなすばらしいページを用意していても、それらに目を通すことなく、過ぎさっていくお客さんもいるはずです。

それゆえに、他のページよりも求められることは多いのです。

トップページの出来がアフィリエイト収入に直結していることは明らかです。

▼理想的なトップページに求められる要素がある

①表示スピード

そのサイトを訪れてから、ページを表示するのに**8秒以上時間がかかってしまうと、**お客さんは待ちきれなくなって、よそに逃げてしまい、再び訪れる確率は低いといわれています（8秒ルール）。

かつてダイアルアップ回線だったころ、トップページの表示スピードには大変気を使っていたものですが、現在はブロードバンドの普及にともなって、**「極端に重いページを作ってはならない」**という程度の意味に理解しておくべきでしょう。

また早いサーバーを利用することで、表示スピードを上げることができます。

②洗練されたデザイン

デザインに時間や労力を極力かけないようにするということは、本書で何度も繰り返し述べていますが、美しければ美しいほどよいに決まっていることはいうまでもありません。

また単に美しいだけではなく、**イメージのよさや歓迎感**といったことも同時に求められます。

トップページがそのサイトの看板である限り、**時間や手間をかけなくても、極力美しいデザインを心がけるということに矛盾はありません。**

③わかりやすさ

トップページはむやみに懲りすぎたりせず、お客さんが**直感で操作がわかるように**作らなくてはなりません。

とくにドアページやプルダウンでのメニュー表示などで、サブページに移動する手段をわかりにくくするというのは最悪です。

④SEO対策

スパイダーも「index」というファイル名のページを他のページより重視しています。注目されている場所にSEOの技術をほどこせば、より上位に表示される可能性が高いです。

トップページのデザインはアフィリエイト収入に直結する

シンプルにデザインされているためサブページへの移動もわかりやすい

この写真がトップページ全体の印象をよくしている

POINT

- 「バリューコマース」のトップ画面。シンプルにデザインされているので、読みやすいイメージとなっている。
- トップページは、アフィリエイト収入に直結するものなので、スピード、デザイン、使いやすさ、SEO対策などを考慮したうえで作成すること。

鉄則23 サブページからお客さんが来ることを前提として作ろう

▼▼▼お客さんはトップページ以外のところからもやってくる

サブページとはトップページ以外の全ページのことです。トップページがそのサイトの看板とするなら、**サブページはそのサイトの本体といえるでしょう。**

サーチエンジンなどの存在によって、まずサブページからやってくるお客さんは**70%以上**といわれています。サブページ→トップページ、サブページ→サブページ→サブページ→終了といった足取りなので、サブページの存在は決して軽いものではありません。

サブページにも前項で示した、トップページの理想を踏襲すべきですが、よりSEOを意識した作り方が求められます。

①全ページのデザインをトップページに統一する

他のページとデザインが違うと統一性に欠け、チープな印象を与えてしまいます。ひ

サブページはそのサイトの本体

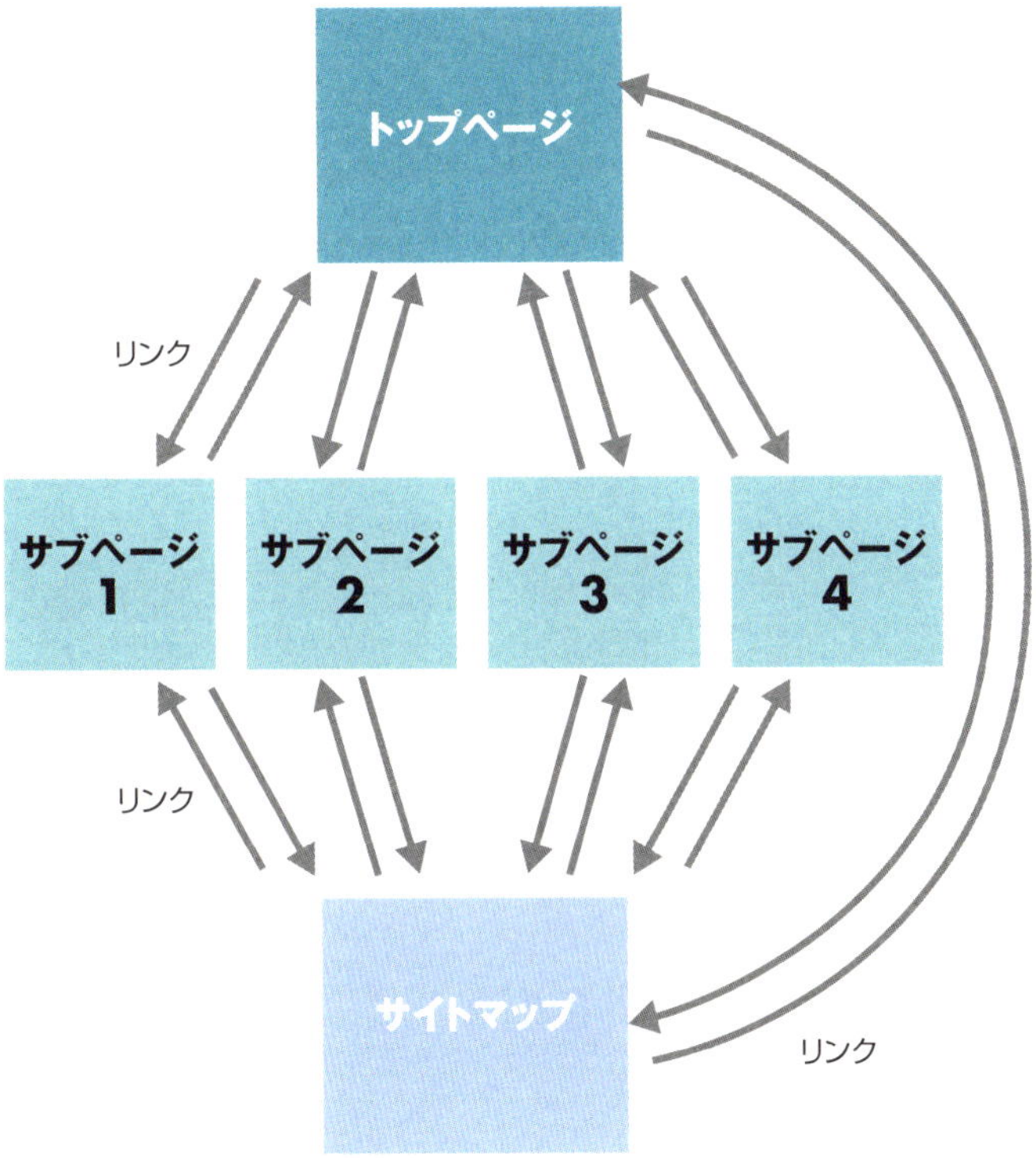

POINT

- すべてのページをトップページとサイトマップにリンクを貼り合うことでお客さんやスパイダーを自サイト内で循環させる。

と目で他のページと同一サイトであるということがわかるようにしなくてはいけません。**ひな型ページを作成しておいて、全ページをそれで統一してしまったほうが時間的にも効率的です。**

②すべてのページにもメタタグを挿入しておく

とくにサーチエンジンで検索してくるお客さんは、サブページに直接アクセスしてくることが多いです。むしろ、そうしたお客さんをどうやって拾うかということを前提としてHPを作ることがとても大事です。

すべてのページにSEO対策をほどこす必要がありますが、とりわけ**タイトルタグを含めたメタタグもトップページと同様に書き込んでおく必要があります。**

③すべてのページからインデックス、サイトマップのページへのリンクを貼る

直接サブページに来たお客さんをなるべく長く自サイトにとどめておくためには、他のページの存在をアピールする必要があります。なお各ページへのリンクは画像ではなく、テキストリンクを使い、その文言は「こちらに」とか「トップページ」ではなく、

サイト名やキーワードなどにしておけば有力なSEO対策になります。

④1ページにつき1項目を原則とする

インターネットという媒体の性格上、**1ページにたくさんの情報を盛り込ませると、読んでいるお客さんの負担となります。**またSEO対策としてもキーワードが分散しないよう、サブページにおいては1ページ1項目を原則としてください。

⑤ASPでCSVファイルをゲット→bpTranで大量ページを作成する

とくにショッピングサイトなど、大量ページのあるHPを作成する場合、これまでは各ページごとに写真を貼り、解説文を書き、広告を貼りつけるという、気の遠くなるような単調作業を繰り返す必要がありました。しかし、bpTran（http://webseeder.net/）などのソフトを使えば、CSV形式のデータファイルから、同じデザインのページを大量に一括生成させることができます。エクセルとCSVファイルを操るので最初は少しとっつきづらいかもしれませんが、何日間もかかる作業が一瞬のうちに終わってしまいます。

⑥サブページでも積極的なアクセスアップをする

サブページからのアクセスアップとしてはすべてのページにアクセスランキング（鉄則40参照）やバナーエクスチェンジ（鉄則38参照）を張るのが有効です。どちらもあとから付け足すのは大変なので、作成の段階で取り組んでおきましょう。

⑦ブログのコメントに対して返事を書く

ブログなら、コメントに対して丁寧に返事を書けば、コンテンツ自体も充実しますし、トラックバックしてもらえる数も増えます。ただしあまりにも時間をかけすぎると収入的には逆効果になりますので、切り上げ時を見極めるのも重要です。

⑧人気ページへ全面的にアピールする

アクセス解析（鉄則33参照）を導入するとわかりますが、たくさんページを作ると、どうしても人気のあるページとそうでないページに分かれてしまいます。そこで、人気のあるページには集中的にリンクを貼りましょう。訪問者が看板のページを目にする機会が増えるほど、お気に入りに追加してもらえる可能性が増えます。

1ページ1項目が原則

〈悪い例〉

サブページに情報を盛り込みすぎるとお客さんの負担になることも

〈良い例〉

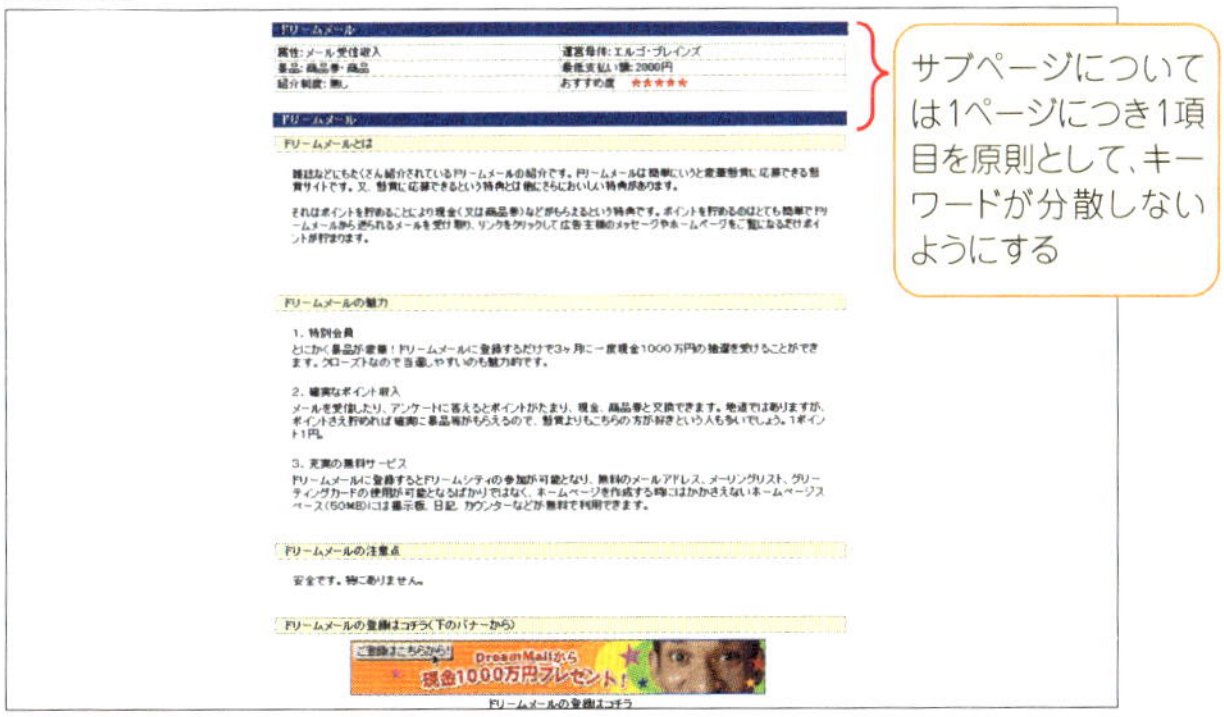
サブページについては1ページにつき1項目を原則として、キーワードが分散しないようにする

POINT

- 1ページにたくさんの項目があると、読者も目移りしてしまううえにSEO的にもキーワードが分散されてしまうことに。
- 「1ページ1項目」にしてたくさんのページに情報を分散させてしまえば問題は解消。

鉄則24

「軽さ」より、「目立つ」バナーが客を呼ぶ

一度作ってしまえばずっと使いまわせる

バナーはスポンサーを宣伝するためだけに貼られるものではありません。あなたのHP、ブログの看板や名刺の役割をするバナーを作るというのも重要です。

自サイトを宣伝するバナーは相互リンク、バナーエクスチェンジ、アクセスランキングなど、アクセスアップをするときになくてはならないものです。

よいものを作っておけば使いまわしOKですから、ぜひ気合を入れて作っておきたいところです。

ところでバナーに対する考え方はここ数年で大いに変わりました。というのも、ダイアルアップ回線だったころは重いバナーはご法度だったのに、ブロードバンドの台頭により、バナーの重さはまったく問題がなくなってしまったのです。

▼よいバナーが集客につながる

①重さにそれほど神経質にならない

ダイアルアップ回線だったころは重いバナーを作ると嫌われたものでした。しかしブロードバンドが主流の現在では、バナーの重さに神経質になることはありません。サーバーへの負担などたかが知れています。**ある程度重くても目立てばよいのです。**ところが現在でも重いバナーは作るべきではないと考えているＷＥＢマスターさんはたくさんいます。そうした事情もあって、多少重さを無視してでも美しく目立つバナーを作ってしまえば、差別化を図ることは難しくありません。

②バナーにはＡＬＴ属性を挿入する

画像にＡＬＴ属性を入れることは、ある程度ＳＥＯに精通した人には常識ですが、**バナーのＡＬＴ属性にもキーワードを入れておけば、そのバナーのオーナーだけではなく、バナーを貼る相互リンク先もＳＥＯ対策になります。**リンク先が数十から数百にも膨れ上がることを考えれば、大きな効果も期待できます。

HPビルダーを使ってALTを入れる

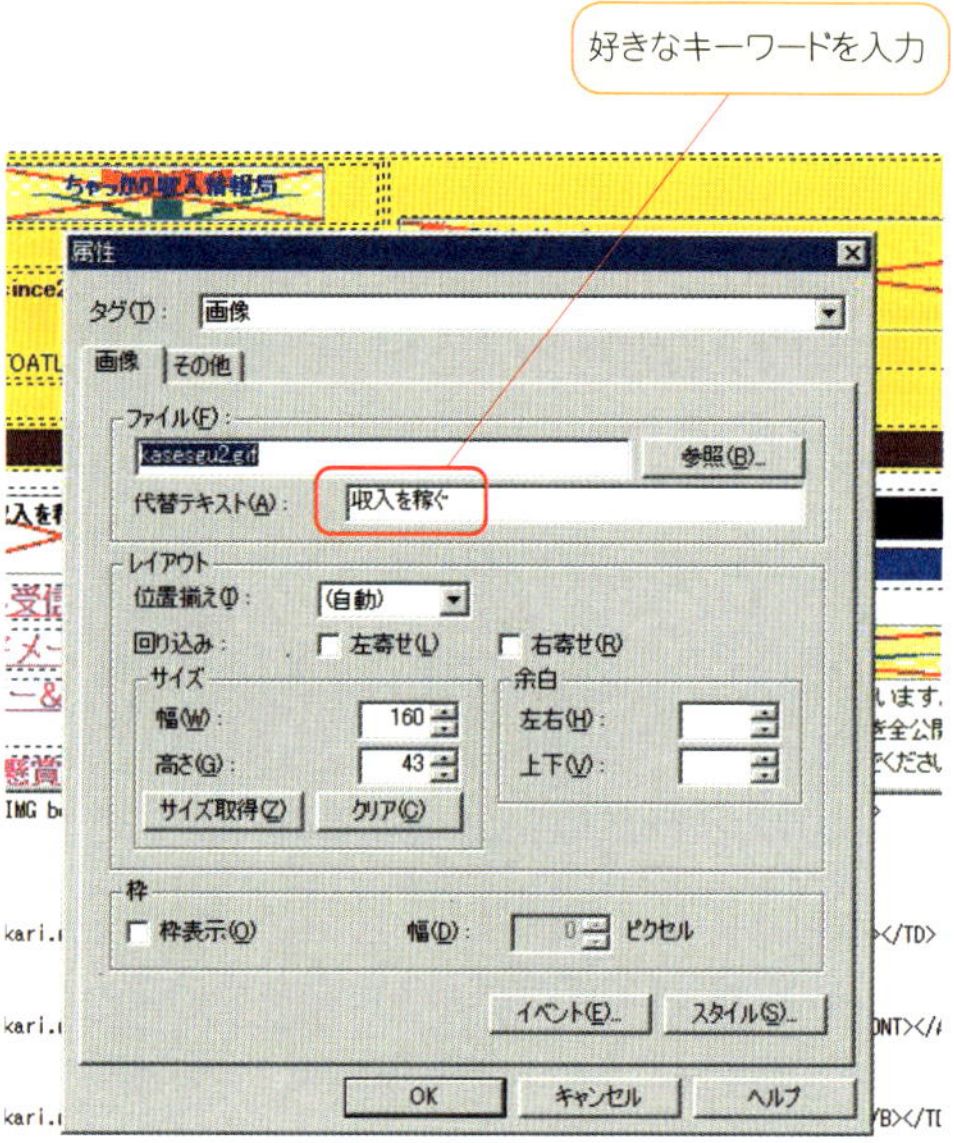

POINT

- 図は「ホームページビルダー」を使ってALTを入れる方法。当該画像を右クリックして「属性の変更」を左クリックするとこの画面が出る。代替テキストの部分に好きなキーワードを入力しよう。
- HTMLタグで打ち込むには<img src="×××" alt="○○○">の「alt="○○○"」を挿入するだけ。もちろん○○には「節約」とか「収入」など好きなキーワードを入れてOK。
- 有力なSEO対策になりうるので必ず入れておこう。

③文字選びは「一目でわかる」ことにポイントをおく

一般的なバナーの大きさで、もっとも小さいものは31×88ピクセルです。このサイズだと表現できることは限られてしまいます。

またバナーはほかのサイトのものと一緒に表示されることが多いので、たくさんあるもののひとつとなってしまってはいけません。**ひと目でわかる強烈な自己主張**が必要となります。

それはデザインでもメッセージでもアニメーションでもかまいません。とにかくいかに目立つかということがバナーの存在価値といえるでしょう。

④他人に依頼して作成してもらう

ネット上にはバナーを作成してくれるHPがたくさんあります。お礼のリンクを貼ったりする必要がありますが、基本的には無料です。**サーチエンジンで「バナー作成」などと検索をかければ、容易にたくさん見つけることができるはずです。**

自分でよいものを作る自信がない場合はこうしたところを利用してください。

鉄則 25

効果的な広告バナーの貼り方で売り上げアップ！

▼▼▼単にバナーを貼っていれば収入になっていた時代は終わった！

今からほんの数年前、まだインターネットというものがめずらしかったころ、なんの工夫もなく、ただバナー広告を貼るだけで、莫大な収入になった時代がありました。

バナー広告というものが目新しかったということもあったのでしょう。あるいはどういうものかわからなかったのかもしれません。

しかし、インターネットが普通に生活の一部になってしまった現在、バナー広告というものは空気のように無視され始め、クリック率も以前の数百分の一にまで落ち込んでしまいました。

単にバナーを貼っていれば、儲かる時代は終わりました。収入を上げるためにはさまざまな努力が必要になったのです。

バナー広告の貼り方の理想例

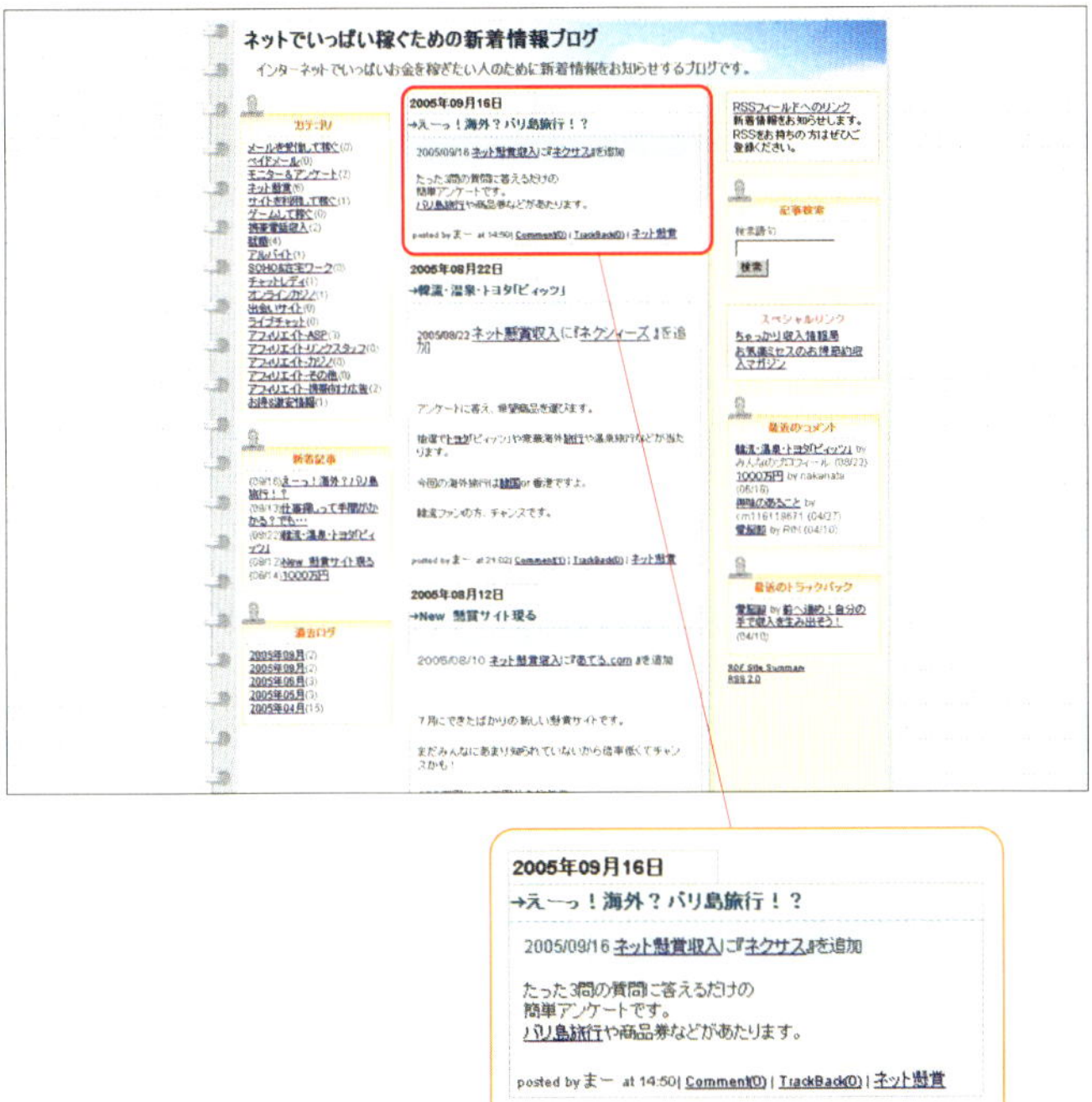
ネットでいっぱい稼ぐための新着情報ブログ
インターネットでいっぱいお金を稼ぎたい人のために新着情報をお知らせするブログです。
2005年09月16日
→えーっ！海外？バリ島旅行！？
2005/09/16 ネット懸賞収入に『ネクサス』を追加
たった3問の質問に答えるだけの
簡単アンケートです。
バリ島旅行や商品券などがあたります。
posted by まー at 14:50| Comment(0) | TrackBack(0) | ネット懸賞

ただバナー広告を貼るだけではなく、情報として広告を貼るのもコツ

POINT

- 以前に行なった「たった3問の質問に答えるだけの簡単アンケートです。バリ島旅行や商品券などがあたります」という訪問者にとってうれしい内容の中にある「バリ島旅行」は広告。このように情報として広告を貼るのが収入増のコツ。

▼バナー広告を効果的に貼る方法がある

①情報として広告を貼ろう

目の肥えたお客さんは広告然としたバナー広告には見向きもしません。いかにその**商品が有用かということを情報として説明し、広告に見えないように広告を貼る**という努力が必要です。

情報として受け入れられれば、クリック率だけでなく、売り上げ率さえも格段に上げることができるでしょう。

②テキスト広告のクリック率はバナー広告のそれとは桁違い！

バナー広告の場合、広告という印象があまりにも強く感じられるせいか、バナー広告よりも**テキスト広告のほうが、桁違いにクリック率が高い**というデータがあります。

これは先述の情報として広告を貼るということにも通じているかもしれません。

場合によって、使い分ける必要がありますが、可能な限りテキストによる広告を多用しましょう。

③紹介文を添える

基本的に画像というのはたくさんのメッセージを伝えることに向いていません。たとえ商品に魅力があっても、そのすべてをバナーの中で伝えようとすると、かえって読みづらいものになってしまいます。

そこでバナー広告の下にテキストで紹介の言葉をそえておきましょう。売り上げがアップする可能性大です。さりげなくいやらしくない程度に紹介することがコツです。

④広告自動生成ツールを使おう

広告の貼り付け作業を一つひとつ手作業でやっていくのはとても大変な作業です。しかし、とくにブログの場合、自動的に広告リンクを生成するツールを使えば、圧倒的に時間と手間を省くことができます。

A８wappen（http://support.a8.net/a8/a8wappen/）はもっとも稼げるＡＳＰのひとつである、Ａ８ネットが用意している広告自動生成ツールです。

鉄則 26

登録、購買につながるように手引きのページを作ろう

▼▼▼初心者に親切なページは売り上げ率も高い

現在、インターネットが普及し、多くの人が利用しているということは間違いないことですが、それらを使いこなしている人の割合は決して多くありません。

多くの人はサーチエンジンで調べごとをしたり、メールのやり取りをするだけで終わってしまうのです。しかしそれでは売り上げにつながりません。

インターネットに存在するさまざまなすばらしいサービスや商品をわかりやすくアピールして、あまり**ネットの世界に精通していない人でも簡単に購買、登録できるように手引きしてあげれば、それまで売り上げに貢献していなかった層に刺激を与えることができます。**

会員登録の仕方を詳しく解説

A8.net会員登録

まずA8.netのTOP画面（http://www.a8.net/）にある[AS会員に登録]ボタンをクリックした後、規約を読んで承諾したら[同意する]ボタンをクリックし、必要な情報を入力して登録を行います！

規約をよく読みましょう。読んだ上で承諾した場合は[同意する]ボタンをクリックします。

属性情報の入力を行います。
※メルマガを発行している方は「メルマガサイト」の[はい]をチェックして下さい。
▶▶メルマガでの利用ページ

確認画面で問題なければ[AS会員登録する]ボタンをクリックします。
※修正が必要な箇所は表示されますので、[修正する]ボタンをクリックして直します。

会員登録が完了しました。『AS登録完了のお知らせ』がご登録頂いたメールアドレスに届きますので、自分で設定したログインID,パスワードを使い会員専用ページに入り、プログラム契約等、手続きを始められます。

POINT

- A8ネットの登録ページ。初心者にもわかりやすく、たくさんの画像を使って説明されている。
- このような姿勢はアフィリエイトをする側も見習うべきである。

▼初心者に登録、購読を手引きする

①買いたいと思ってもらえるような解説を加える

ネットの世界には1日1円で泊まれるホテルなど、信じられないくらい安くて、すばらしい商品があるものです。しかも、それらを紹介するとアフィリエイト収入が入ってくるので、こんなに気楽な商売はありません。

しかし、どんなにすばらしくても、安くても、お客さんが興味を示さなければ、決して売り上げにはつながりません。**購買意欲をそそるような解説やイメージのよい画像を貼っておく**などの工夫をすれば、より一層高い効果が期待できます。

②初心者でも直感的にわかるようなページを作る

とくにすばらしいものを解説するときは、そのすべてのメリットを詳細に書いてしまいたいものですが、ネットに不慣れな人はそのすべてに目を通すことをあまりしません。**細かい解説よりも、目玉となるメリットを2～3個程度、一目でわかるくらい**目立つようにアピールするほうが、強い注意をひきつけることができます。

③登録の仕方を詳細に解説したページを作る

みなさんもある程度経験があることだとは思いますが、インターネットではじめて何かに登録するときや、買うときはとても緊張するものです。また、やってみると意外と簡単なことさえも、やったことがないから面倒に見えるかもしれません。

せっかく興味をもってくれても、これでは売り上げにつながりません。

「登録するまでの手続きの流れ」などはプリントスクリーンなどで図を作り、最後まで登録、購買できるような解説ページがあると、格段に売り上げを増やすことができます。

④1商品につき1ページ

詳細な解説ページを作る場合、1ページにたくさんの商品が並んでいると、お客さんの集中力がとぎれてしまいます。ところが、1商品1ページのような詳細なページを作成すると強力なSEO対策になりえます。

鉄則 27

お客さんにとって使い勝手のよいページ構成にする

ユーザビリティに優れたサイト作りは収入に直結する

ユーザビリティとは、ＨＰ、ブログの使いやすさやわかりやすさのことを指します。訪問者が閲覧する際に、ストレスや戸惑いを感じないデザインやサイト構成が求められます。

どんなにすばらしい情報が用意されていても、お客さんがそこにたどりつかなければ意味がありません。

見やすく、利用しやすいサイトは、お客さんにストレスを感じさせません。結果的に多くの情報を見せることができるので、収入につながります。

ユーザビリティに優れたサイト作りは、ずばり収入に直結するといっても過言ではありません。

▼ユーザビリティを向上させるためのアイデア

①「3クリックルール」を順守しよう

お客さんが目的とするページへ3クリック以内にたどり着くよう、サイト構成を設計しようという指標です。

これは単にすべてのページが3クリック以内で閲覧できるというだけでなく、**目的のページまでに3クリック以内でたどり着けるほど、わかりやすく作られるべきである**と解釈してください。

②グローバルナビゲーションはSEO対策にもなる

グローバルナビゲーションとは、上の階層にある項目を提示するナビゲーションリンクのことで、カテゴリー間の移動をスムーズにする働きがあります。

サブページから来たお客さんがトップページや他のページに移動する可能性を高めるばかりでなく、ページの上部にテキストリンクを貼ることによって、スパイダーが重要なキーワードを拾い出し、移動もスムーズになるので、SEO対策にもなります。

3クリックルール

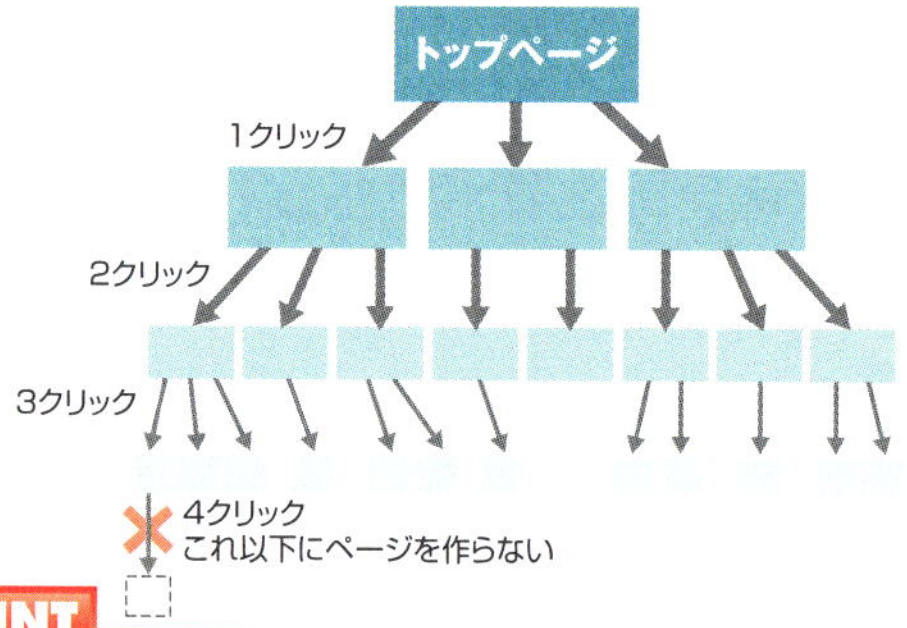

POINT

- サブページは上図のようなピラミッド型にリンクを貼ること。
- お客さんにやさしいページ作りはクローラーにもやさしいので、SEO対策にもなる。

グローバルナビゲーション

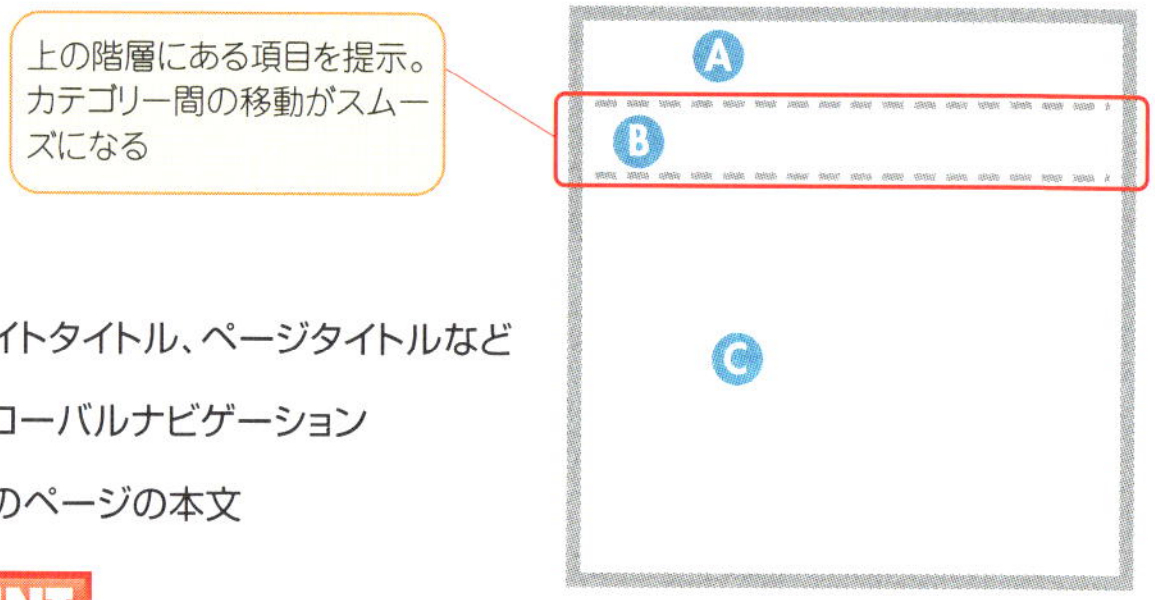

- A サイトタイトル、ページタイトルなど
- B グローバルナビゲーション
- C そのページの本文

POINT

- 主要コンテンツ（通常は「3クリックルール」の図の1クリックで行けるサブページ）へどのページからでも、アクセスできるようにする。
- 情報量の多いサイトにはとくに効果を発揮する。

③水平スクロールが出現しないように

横幅の狭いページは限られた情報量しか表示できませんが、しかし逆に**水平スクロールが現れてしまうページは極端にユーザビリティを下げてしまいます。**

デスクトップ型パソコン用モニターも液晶が主流になり、かつてのブラウン管15インチモニターよりも横幅に余裕が出てきたとはいえ、ノートパソコンのサイズはそれほど改善があったわけではありません。

どのサイズに合わせるかはその人の判断に任されるべきですが、**800ピクセル以内にまとめるのが無難**であると考えられています。

④ページのレイアウトは定番のものを使用しよう

レイアウトに関しては定番のパターンが存在していますが、それらに基づいたものでなければ、お客さんにとって使いづらいものになってしまいます。

「他サイトと違う、差別化を図る」ということはHP、ブログでとても重要であり、さまざまな局面で求められることですが、**レイアウトに関しては基本を逸脱してしまうと、逆効果になってしまいます。**

定番レイアウト(1)

Ⓐ タイトルなど

Ⓑ サブページへのリンクなど

Ⓒ ウェルカムメッセージや新着情報など

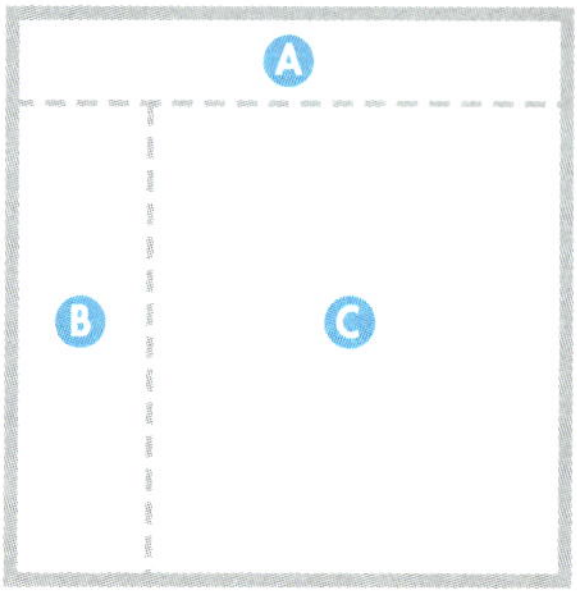

POINT

- 情報を発信するHPやブログでもっともよく使われているレイアウトであり、お客さんとしても慣れている分、ストレスを感じにくい。
- 右側にリンクを貼っているサイトもよくあるが、使い勝手やSEO的に不利になる可能性もある。

定番レイアウト(2)

Ⓐ タイトルなど

Ⓑ サブページへのリンクなど

Ⓒ ウェルカムメッセージや新着情報など

Ⓓ サブページへのリンクなど

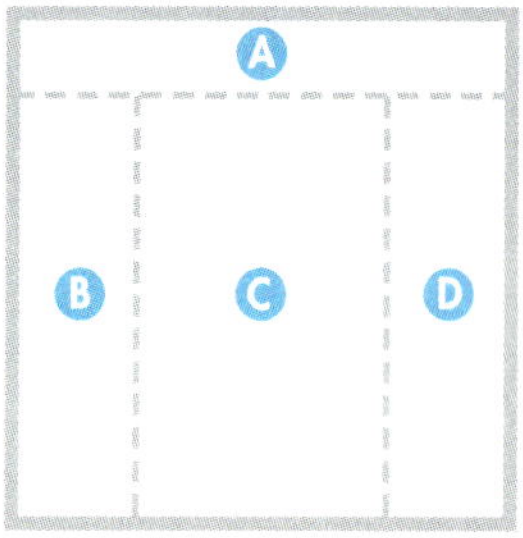

POINT

- 左右にリンクが貼れるので、サブページの多いサイト、情報量の多いサイトに適しているレイアウトといえる。
- 大型液晶モニターの普及により、多少横幅が広がってもスクロールバーが出現しなくなったので安心。
- お客さんがパッと見たとき、ごちゃごちゃした感じがしないように気をつけること。

定番レイアウト(3)

Ⓐ タイトルなど

Ⓑ サブページへのリンクなど

Ⓒ その他のコンテンツ

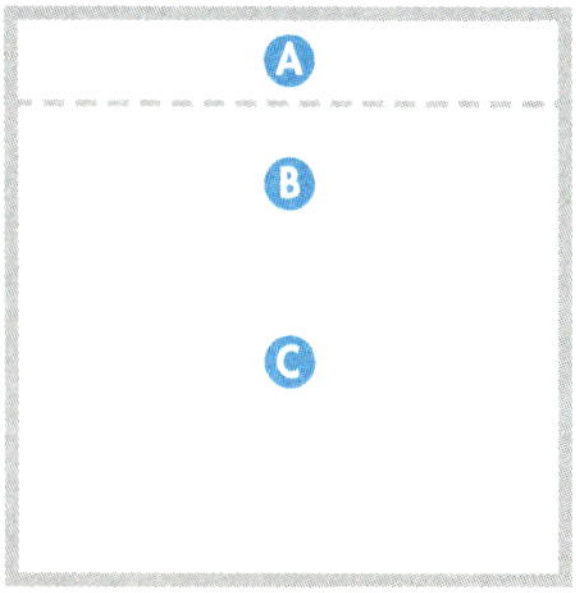

POINT

- ポータルサイトなどでよく見られるレイアウト。一見しただけでは何がどこにあるかわからなくなってしまうので、よほど上手に作らないと、お客さんにストレスを感じさせてしまうことにも。

定番レイアウト(4)

Ⓐ タイトルなど

Ⓑ 大きな画像

Ⓒ サブページへのリンクなど

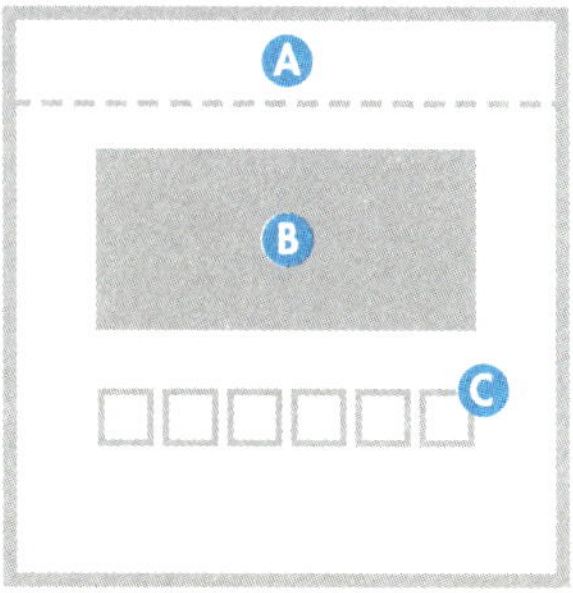

POINT

- 情報量の少ないサイトの場合にもっとも適しているレイアウト。ただしシンプルでごまかしがきかない分、センスが問われる。
- Bの画像の場所は写真を使うと、失敗が少なくてすむ。

鉄則28

リピーターを確保せよ

戦略性のあるサイト作りが次の訪問を生む

リピーターとはあなたのHP、ブログに2度以上にわたって、訪問してくれるお客さんのことです。

基本的にあなたのサイトを訪れるほとんどのお客さんは、一度覗いただけで通りすぎていってしまうことのほうが多いでしょう。

いくら「一見《いちげん》さん」を増やす努力をしても、再び来てくれるリピーターの数を上乗せしていかなければ、次第にアクセス数は減少してしまいます。

逆に言うと、リピーターを確保できるくらい魅力的なサイトでなければ、アフィリエイト収入には結びつきません。

リピーターの上乗せが重要

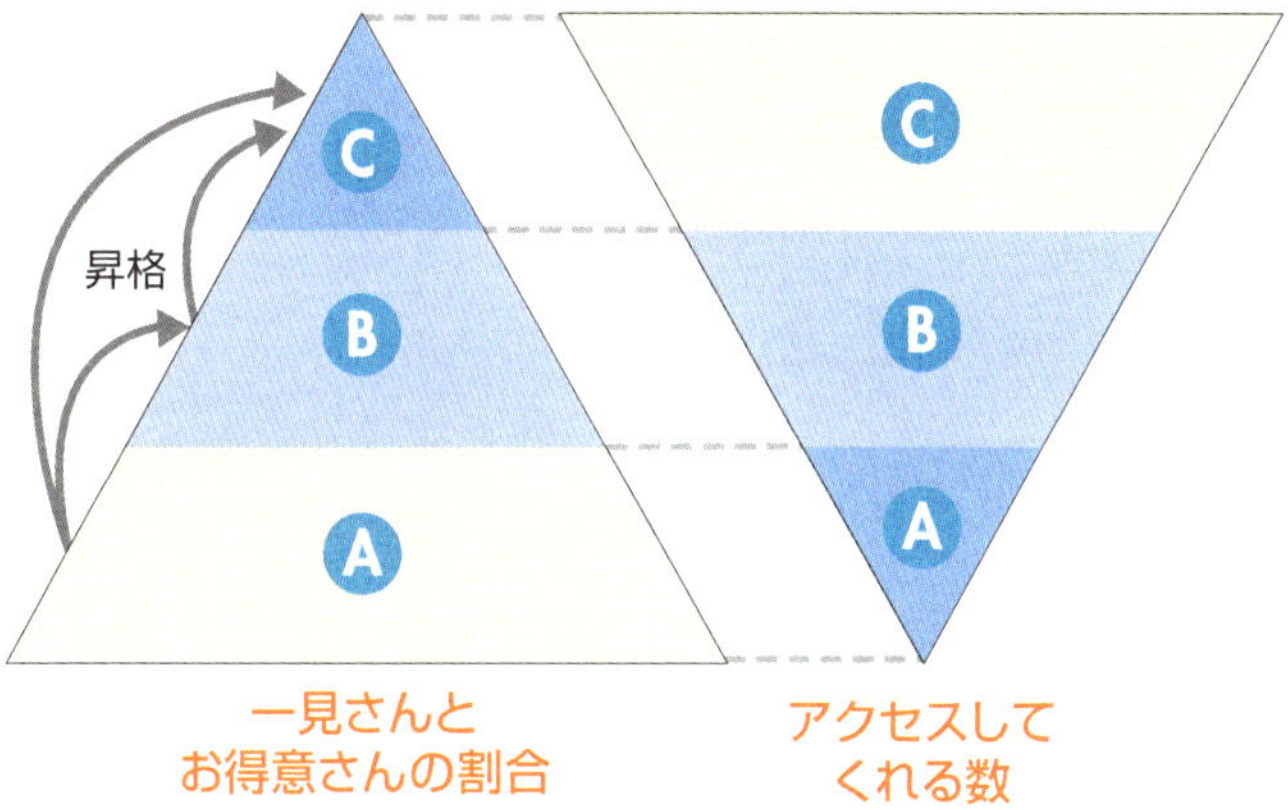

A 一見さん …1回来ただけで、もう来ない人

B リピーター …お気に入りに追加してくれた人

C お得意さん…何度も来てくれる人、
RSSに登録してくれた人

POINT

- HP、ブログに訪れた人のほとんどは一見さんで終わってしまう。そして、一見さんは100人集めても、100アクセスにしかならない。結局、どれだけの一見さんがリピーターに昇格してくれるかがアクセス数のカギとなる。

▼サイト作りに留意してリピーターの数を増やす

①優良な情報があるように見えるHP、ブログを心がける

お客さんにとって優良な情報があるように見えるHP、ブログ作りをすることはリピーターを増やすうえでとても大事です。それは**事実として優良な情報があるかどうかというよりも、そう見えるかどうかが肝心です。**

たとえば訪問したお客さんにとって、質のよい情報が豊富にあるように見えるとか、ディープに掘り下げて専門的に見えるとか、ユーザビリティに優れているなどの努力が次の訪問を呼ぶことになるでしょう。

通販サイトなどがよく使う手法として、「この商品をお求めになられたお客様は、こちらの商品もお買い求めになられます」などと関連商品のあるページへのリンクを貼っています。

これは抱き合わせで売り上げを伸ばすための手法ですが、「ここにはほかにも興味深い商品がある」と思わせることができたならしめたものです。こうしたちょっとしたアピールひとつで、一見のお客さんをリピーターにしてくれます。

②更新をまめにする

そのＨＰ、ブログに満足したとしても、完結してしまっているとしたら、また訪問したいと思う気持ちも薄れます。まめに情報を更新するということは、確実にリピーターを増やす方法といえるのです。

「次に来たときにも何かありそう」、そんな期待感が一見さんをリピーターに育てます。

そのためにも**新着情報や最終更新日はトップページのもっともわかりやすい位置に表示すべきです。**なるべく毎日、どんなちょっとのことでもよいので更新しておくという姿勢が望ましいです。

③コミュニティの場を作る

掲示板、チャット、あるいはブログのコメント、トラックバックなど、コミュニティの場を提供して、お客さんや他のＷＥＢマスターとのやり取りを重ねているＨＰ、ブログは必然的にリピーターも多くなります。

とくに**ブログのコメントや質問掲示板などで、お客さん同士の間でも質問や答えが活発にやり取りされているところ**は、情報も詳細になるので、それらに参加しない人たちのリピーターまで期待することができます。

ただし、こうしたやりとりにはあまりにも時間がかかりすぎるという欠点もあります。また、個人が特定されないネットの世界では、現実世界では考えられないような心ない書き込みや、いたずらを受けることもめずらしくありません。

アクセス数が少なく、書き込みが活発でないうちは管理人自らが受け答えをし、常連さんが集まってきたら、その人たちに任せるというのが理想です。

④「お気に入りに追加」「ホームページに設定」ボタンをつける

どこのHPにもある「お気に入りに追加」「ホームページに設定」ボタンですが、これらのボタンが押されて、お気に入りに追加されたり、HPに設定されることはほとんどありません。

しかし、こうしたアピールをすることで、**お気に入りに追加し忘れる可能性を少なくしてくれるのです。**

「お気に入り」&「ホームページに設定」のタグ

実際にはこれらのボタンが押されたからといって、お気に入りに追加されることはほとんどないが、リピーターの数を増やすためのアピールになる

POINT

- タグ

「お気に入りに追加」

```
&lt;form&gt;&lt;input type=&quot;button&quot;
onclick=&quot;window.external.AddFavorite('自サイトのURL
','サイト名')&quot; value=&quot;お気に入りに追加
&quot;&gt;&lt;/form&gt;
```

「ホームページに設定」

```
<INPUT TYPE="button" name="homepage" value="HPに設
定"
onClick="javascript:this.style.behavior='URL
(#default#homepage)';
this.setHomePage('自サイトのURL');">
```

鉄則29

新着情報を効果的に発表する

▼▼▼新規顧客の開拓、リピーター、アフィリエイトの売り上げ率アップを生む

HP、ブログを運営していく中で、新着情報を更新することは、新規のお客さんを開拓するうえでも、リピーターを確保するうえでも、とても重要なことです。

「このHP、ブログに来たら、また新しい情報を手に入れることができる」と思ってもらえれば、何度も繰り返し来てくれるリピーターになってくれるでしょうし、メルマガ、ブログの場合は新規発行として各ブログサーバーやメルマガ発行スタンドで紹介されるので、新規顧客を開拓するチャンスでもあります。

また私の経験上、**新着情報はお客さんがもっとも目を引く場所なので、そこに情報としての広告が貼ってあると、売り上げにも大きく貢献させることができます。**

新着情報は積極的に、幅広く、目立つように発表しましょう。

▼新着情報を上手にアピールする

①新着情報（What's New!）コーナーを設ける

新しくなったページは多くの人に参照されます。もしそこにアフィリエイト広告が貼ってあれば、一時的ではありますが、クリック率が伸びます。

新着情報コーナーもコンテンツのひとつとして、サイトの活発化を図るべきです。具体的にはサイトに訪れた人が、ひと目見て新しくなったことがわかるように、**トップページ上段に新着情報コーナーを設置しておきましょう。**

また、インラインフレームで表示すると、過去の更新記録のすべてを表示しても、トップページのデザインを損ないません。

②ブログ、メルマガで新着情報をお知らせする

ブログを更新、メルマガを発行すると新着記事として紹介されるので、一時的にせよアクセス数を伸ばすことができます。

ＨＰと先の両者と比較して、決定的な違いのひとつとなっているのが、更新しても、直接のアクセスアップにつながらないという点です。ブログ、メルマガで更新して、それをコピー＆ペーストしたものをＨＰに貼り付ければ、たいした手間もなく、作りながらアクセスアップもできるという、一石二鳥を実現できます。

とくに発行部数の多いメルマガを発行しているとき、爆発的な効果を期待できます。

③ＲＳＳに登録してもらうようアピールする

これからの情報収集手段として、ＲＳＳは絶対に欠かせないツールのひとつであり、今後、利用者が増え続けることは間違いありません。

もしあなたの作ったものがブログであったり、ＲＳＳに対応するように工夫されたＨＰであるなら、**ＲＳＳフィールドへのリンクは積極的にアピールすべきです。**

新着情報が更新されるたびに、ＲＳＳに表示されるので、確実にリピーターとなってくれるはずです。

自分のＨＰ、ブログを登録しているＲＳＳユーザーが増えれば増えるほど、アフィリエイト収入も増えると思ってください。

新着情報とRSSフィールド

ネットでいっぱい稼ぐための新着情報ブログ

インターネットでいっぱいお金を稼ぎたい人のために新着情報をお知らせするブログです。

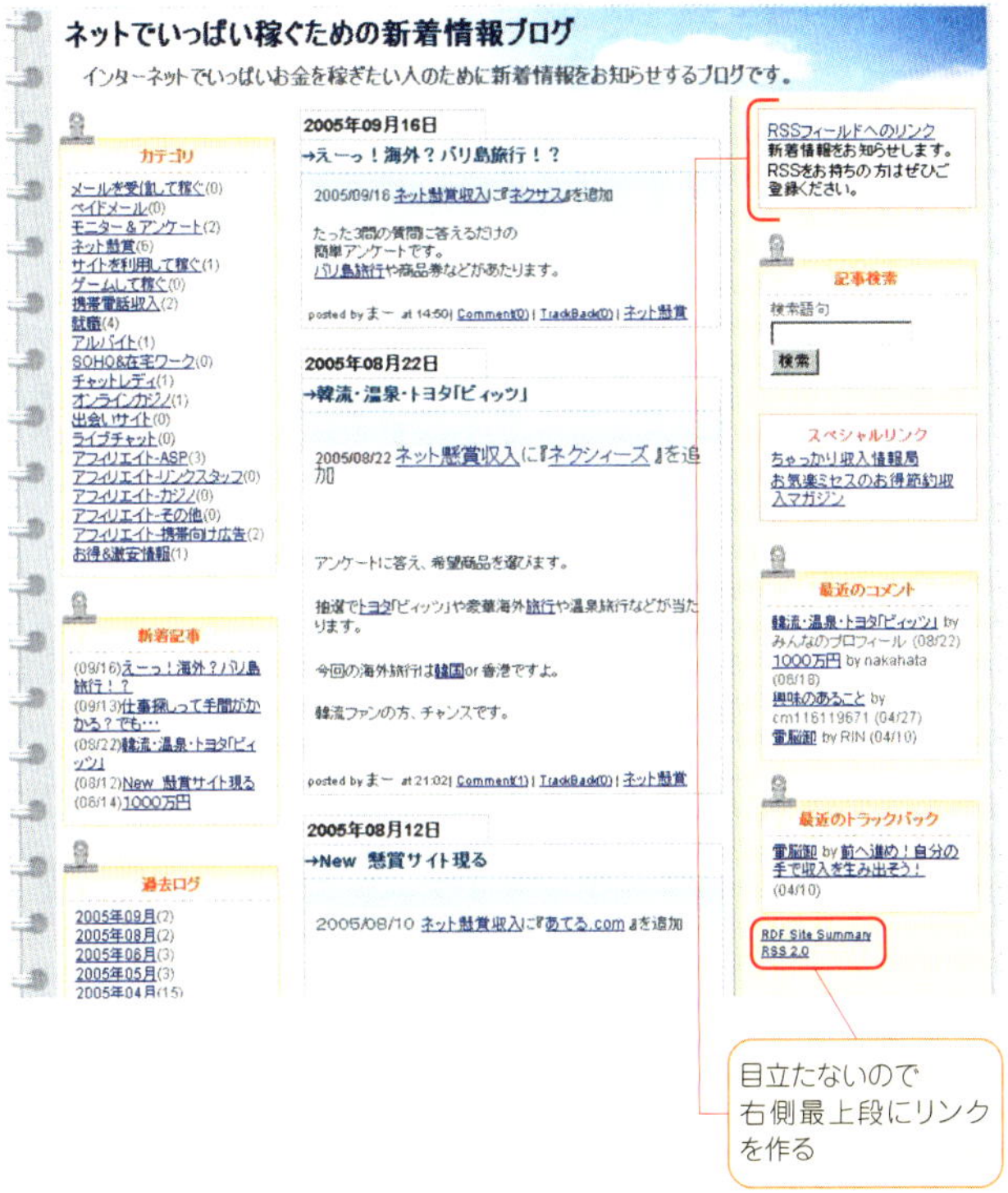

POINT

- 右側の最下層にある「RDF Site Summary </index.rdf> RSS 2.0」では目立たないので、右側最上段の「RSSフィールドへのリンク」を作ろうという趣旨。ちなみにこのサイトは私が管理している姉妹サイト。
  http://net-syuunyuu.net </index20.rdf>

鉄則30

複数のサイトを作り、効率よくアフィリエイト収入を稼ぐ！

▼▼▼サイト運営に慣れてきたら、気軽な感覚で姉妹サイトを作ろう

初心者のうちは作成にしても、アクセスアップにしても、中途半端にならないよう、じっくりとひとつのHP、ブログに全力を傾けるべきですが、思いつくことはすべてやりつくしてしまったと感じたなら、ぜひほかにもHP、ブログを作ってみましょう。

かつて私も作り始めたらとことん愛情を注ぐタイプでしたが、ひとつのHP、ブログを完結させてしまうのにそれほど時間がかからなくなってしまうと、現在では**いかにたくさんのHP、ブログを短時間で完成し、アクセスアップを図るか**がテーマとなっています。

もちろん複数のHP、ブログを運営して入り口が増える分、アフィリエイト収入も効率よく稼げるというものです。ぜひチャレンジしてください。

複数サイトを作成するメリット

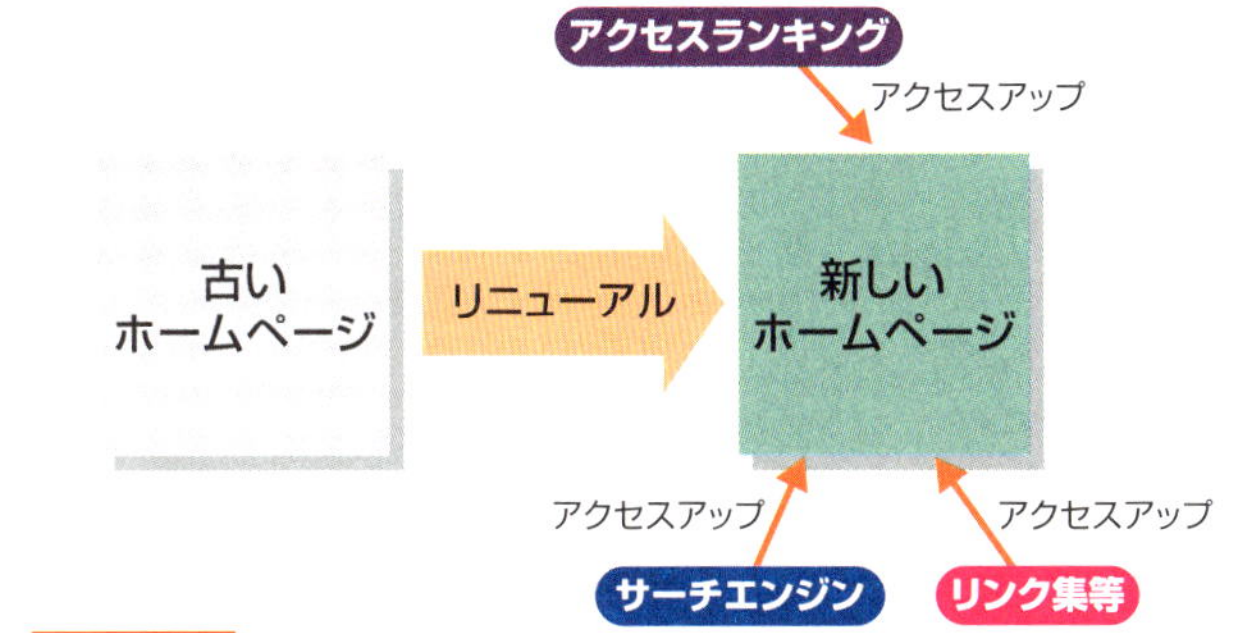

POINT

- リニューアルを繰り返すことによって完成度は上がるが、単純にサーチエンジン等からの外部リンクを考えた場合、必ずしもアクセス数が上がるわけではない。

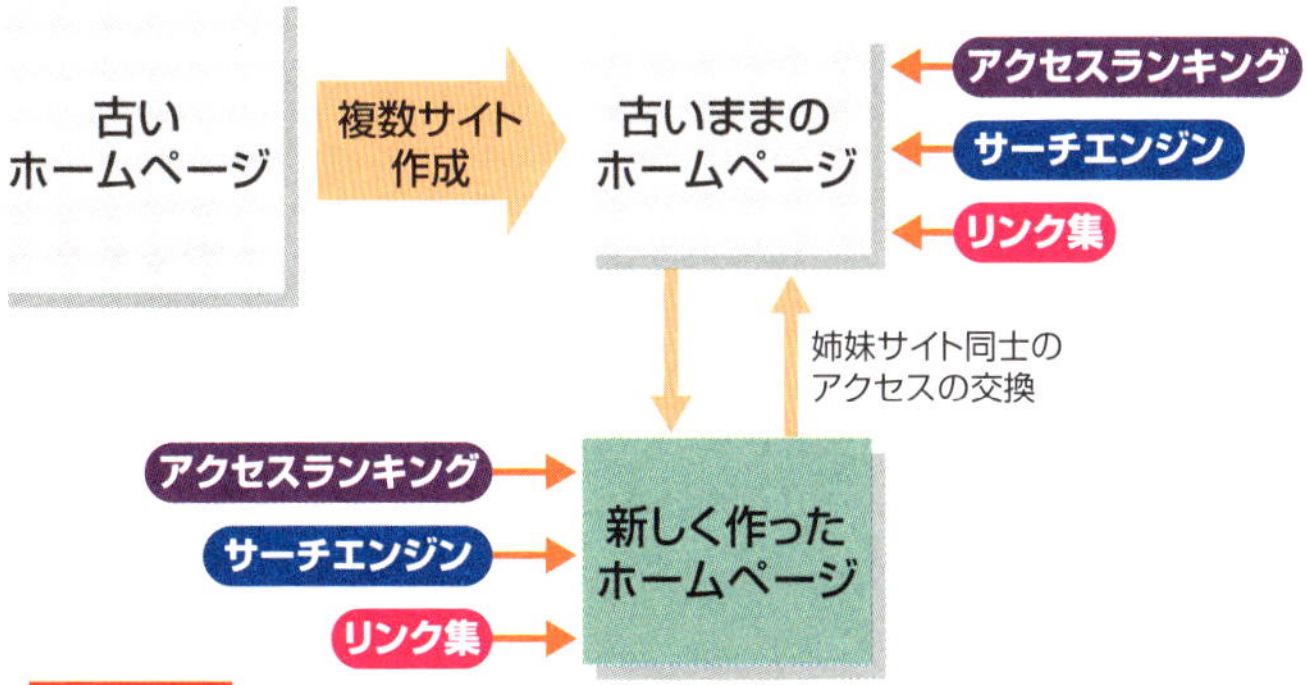

POINT

- 複数のサイトを作れば作るほど、単純に外部リンクが増えるのでアクセス数が増える可能性がある。

▼ 複数のサイトを効率的に作成、運営する

①デザインのリニューアルをしたいと思ったときが新しいHP、ブログの作りどき

デザインというのはどこまでいっても自己満足の世界ですから、本人が気に入らなければ何度でも手直ししたくなるものです。

しかしリニューアルにかかる時間や手間は新しくサイトを作る手間とほとんど変わりません。

古いものはそのままに、新しいHP、ブログを作るほうがアフィリエイトでお金を稼ぐという観点からは効率的です。

②一つひとつのHP、ブログに時間をかけない努力をする

ページや文章やデザインの使い回し、CGIやSSIによる自動化、インラインフレームや便利ツールを組み合わせて使うことによって、管理運営する時間や手間を格段に解消させることができます（詳細は鉄則32）。

もちろんあまった時間はさらに新しいHP、ブログを作成するために使います。

▼複数サイトを利用してアクセスアップを

①アクセスアップは複数サイト分を同時に行なうと手間が半減する

リンク集やアクセスランキングの登録は非常に手間がかかりますし、やっていて楽しい作業ではありません（詳細は第3章）。

しかしこれらの作業はひとつのサイトを登録するのも、複数のサイトをまとめてするのも、ほとんど手間は変わりません。一回の作業で何度もおいしい思いをできるでしょう。

②姉妹サイトであることを積極的に表記する

お客さんは同一管理人が運営している姉妹サイトに興味をもってくれることが多いので、**「当サイト管理人の姉妹サイトです。こちらにも遊びに来てください」**などの一文を加えて、リンクしておくと、自然にアクセス数を伸ばすことができます。

姉妹サイト間でアクセス数を相乗効果させていくと、作成するだけでアクセスアップが必要なくなるという現象が起きるようになります。これこそまさに「究極のアクセスアップ」といえるでしょう。

鉄則31

著作権を守り、自サイトのコンテンツを守れ！

▼▼▼コンテンツを盗まれることはお金を盗まれるのと変わらない

時間と労力をかけて作った自分のHP、ブログのコンテンツが、ほんの1分もしない間に**すべてコピー&ペーストされて、他人のサイトで流用されてしまう**ということはめずらしくありません。

匿名性の高いネットではなんでもありと勘違いしている人間がまだまだたくさんいます。

しかも、外部の人にとってはどちらがオリジナルなのかわからないので、下手をすれば、あなたのサイトが無断コピーをしたと疑われかねません。

自サイトのコンテンツは大事な商材であり、それをコピーされてしまうことは、現金を盗まれるのと同じと理解しましょう。

▼自サイトのコンテンツを守る

①コピーライトを表示して著作権を主張する

ネット上のものならコピーしても罪を問われないと信じている人たちがまだまだたくさんいます。コピーライトを表示することによって**著作権の所在を明らかにする**とともに、著作権に対するスタンスを明示しておきましょう。

②画像の埋め込み

テキストの中に見た目ではほとんどわからないほど小さな画像を埋めておきます。テキストだけコピーしたつもりでも、画像まで一緒にコピーしていたなら、決定的証拠となります。もちろんその**画像にはALTの挿入やリンクなどを入れておくと、なお一層効果的です。**同じ意味では表示されないタグもいいかもしれません。

ただし、こうした行為はスパイダーから見るとスパムとみなされてしまう可能性もありますので、自サイトのページランクを下げてしまう可能性もあります。

どうしても守りたいというところだけにしておきましょう。

③右クリック、指定を禁止する

右クリック、指定禁止タグ化など、こうした試みはほかにもいろいろありますが、どんなに技術が発達しても、完璧に防ぎきることはできません。

しかしそれでもHTMLに精通していない大多数の初心者に対しては、これらの技術でも十分といえるかもしれません。

タグを打ちこむことさえできればたいした技術ではないので、ひと通りのことはやっておくべきでしょう。

④HTMLソースを暗号化する

HTMLソースの暗号化は、現在考えうる最高の著作権防衛システムかもしれません。よほど上級者でないと、コピーされる恐れはないでしょう。

しかし、HTMLソースを暗号化するだけにSEO対策にも影響をおよぼすのではないか、という疑問もあります。

HTMLの暗号化は専用のソフトがたくさん出回っているので探すのは難しくないでしょう。

▼他サイトのコンテンツを盗んでも成功しない

①読者からの告発がある

自サイトのコンテンツが盗まれてしまった場合、わざわざ自分から探しに行かなくても、**一般のお客さんが通報してくれます。**

盗んだサイトのアクセス数が多くなればなるほど、人の目に触れる可能性が高くなり、ひいては盗作が見つかる可能性も高くなるというわけです。

盗んだ管理人もいつ発覚するかわからないという状況下で活動しなければならないので、大胆なアクセスアップはできません。

②アクセスアップの技術まで盗めない

安易にコンテンツを盗んで儲けようとしている人間は、それよりはるかに労力を要するアクセスアップで挫折します。

少しの労力で儲けたいという人間はその少しの労力さえ無駄に終わってしまうでしょう。

鉄則32
時間節約！使えばわかる便利なツール集

▼▼▼さまざまなソフトが作成の手間を省く

①ホームページ・ビルダー(http://www-06.ibm.com/jp/software/internet/hpb/)

ホームページ・ビルダーはその名のとおりＨＰを作成するための非常に便利なソフトです。ブログの作成にも使えます。

ＨＴＭＬの知識がない初心者でも、買ったその日からＨＰが作れるようになっていて、ＦＴＰツールも画像作成ツールもひと通りそろっているので、これさえあればほかには何もいらないようにできています。

ＨＰ作成用ソフトは多数ありますが、もっとも売れているのはこのソフトでしょう。手引書も多いですし、解説サイトも多数あるので、操作が困ったときなど便利です。

②Speeeeed (http://akky.cjb.net/)

複数のファイル内の文字列を一気に別の文字列に置換することができるソフトです。直感的に扱えるシンプルな操作性に加えて、高速に置換作業をしてくれます。

ＨＰの更新作業にはすべてのページの特定の文字列を削除したり、別の言葉に置換しなければならない場合が頻繁にありますが、これを使うと莫大な時間と手間を一気に省くことができます。

全置換ソフトは他にもたくさんあり、性能的にはほとんど差異はないので好みのものを使うとよいでしょう。

ＨＰ作成だけでなく、あらゆる場面で大活躍してくれる絶対手放せないソフトです。

③SmartFTP (http://www.smartftp.com/)

ＦＴＰソフトというと「ＦＦＦＴＰ」が有名ですが、最初に設定しておけば、自動的に特定のファイルをアップロード&ダウンロードしてくれます。サーバー間のファイル移動までできてしまう、次世代型のＦＴＰツールです。

④懸賞Ｈｅｌｐｅｒ２！（http://hp.vector.co.jp/authors/VA015734/）

登録した言葉をクリックひとつで貼り付け作業をしてくれるソフトです。ＩＤ、パスワードなど忘れてはならないものや、サイト名、ＵＲＬ、紹介文などを登録しておけば、面倒な重複作業を省略することができます。本来、懸賞向けツールですが、アフィリエイターには必須アイテムといえるかもしれません。

⑤マウ筋《すじ》（http://www.piro.cc/）

マウスジェスチャーという概念により、あらかじめ登録していた任意の命令を実行するようになります。

紙面でこの便利さを伝えるのは難しいのですが、これがあるとキーボードに頼る回数が激減します。

腱鞘炎になりがちなＷＥＢマスターを救ってくれる優れものです。

⑥ＡｕｔｏＲｕｎｎｅｒ！（http://ichisoft.nobody.jp/）

ウィンドウズ上で行なわれるマウス動作やウィンドウの動きなどを、指定時刻や指定間隔で自動実行してくれるソフトです。回数を指定した繰り返し実行や、無限繰り返し実行も可能です。

繰り返しの単純作業が多いＨＰ作成作業において、自動で何でもやってくれるこのツールにはどのくらい助けられているかわかりません。

同種のソフトとしては「ＵＷＳＣ（http://www.h7.dion.ne.jp/~umiumi/）」も有名ですが、こちらのほうが直感的に操作できるので、扱いやすいかもしれません。

⑦Headline-Deskbar（http://www.infomaker.jp/deskbar/）

アフィリエイトで稼ぐには、いつもフレッシュな情報を入手する必要があります。その意味でＲＳＳはとても優れた手段といえるでしょう。

最近ではさまざまな種類のＲＳＳが登場していますが、新幹線の自動ドアの上にある〝流れるニュース〟のように、常にデスクトップでニュースを配信してくれるこのHeadline-Deskbarがもっともおすすめです。

情報を配信する側としても、アクセスアップの手段としても、アフィリエイターはこのＲＳＳを意識して取り組む必要があります。

第3章▶アクセスアップ編

さまざまな手法を駆使して、アクセスアップを制する

アクセス数を伸ばすためには、努力を惜しまずに、さまざまな手法を使って相乗効果を狙うようにしましょう。とくにSEO対策は念入りに。SEOをアクセスアップの中心と考え、サーチエンジンで検索された際、自分のHPやブログが上位に表示される必要があります。

鉄則 33

アクセス解析を活用して訪問客の足取りを把握しよう

効率のよいアフィリエイト収入を稼ぐための必須ツールがある

アクセス解析とは、自サイトに来たお客さんに関する情報を集計、分析するツールです。

具体的にはどこのリンクを経由して来たか、サーチエンジンを経由して来た場合にはどんな言葉を検索したか、最初に来たのが自サイト内のどのページなのかなど、さまざまなデータを把握することができます。

アクセスアップにおいては、効果のないこと、やらなければよかったことに膨大な時間を費やしてしまいがちです。失敗した経験はとても大事ですが、失敗から学ぶためにも**データの蓄積と分析は必要不可欠**です。

アクセスアップに取り組む最初の一歩として、アクセス解析を導入しましょう。

アクセス解析ツールを導入する

POINT

- 無料のアクセスツールは必要以上に大きな広告がついている場合が多いが、「SHINOBI.JP」(http://www.shinobi.jp/)なら、ページ最上部に気にならない程度の小さなバナーか、任意の場所にバナーを貼ることで利用できる。もちろん、解析システムツールとしても優秀だ。

▼アクセス解析を利用して自サイトを分析する

①お客さんがどこのリンクを経由して訪問したかを把握する

どこのサイトからお客さんが来たのか、そのリンク元を知ることができます。

お客さんをたくさん送ってくれるリンク元は大事におつきあいする必要があります。

一方で、効果の低いアクセスアップ作業にはなるべく時間をかけないようにするということも大事です。

②どんなキーワードを入力して、検索したかを把握する

サーチエンジンを経由して訪問したお客さんが、どんな言葉を検索して自サイトまでたどり着いたのかを把握することはとても重要なことです。

意外なキーワード、もしくはキーワードの組み合わせを知ることができます。

また、上位表示されていないのにアクセス数があるということは、お客さんのニーズがとても高いということなので、さらに上位を目指せば、効率的にアクセスを伸ばすことができます。

アクセス解析・リンク元解析

POINT

- 言うまでもなく、自サイトへのアクセス数が多いサイトほど大切なリンク先である。良質なリンク先を大事に扱ったり、同傾向のところのリンクを貼るなどの工夫は有効。

アクセス解析・キーワード解析

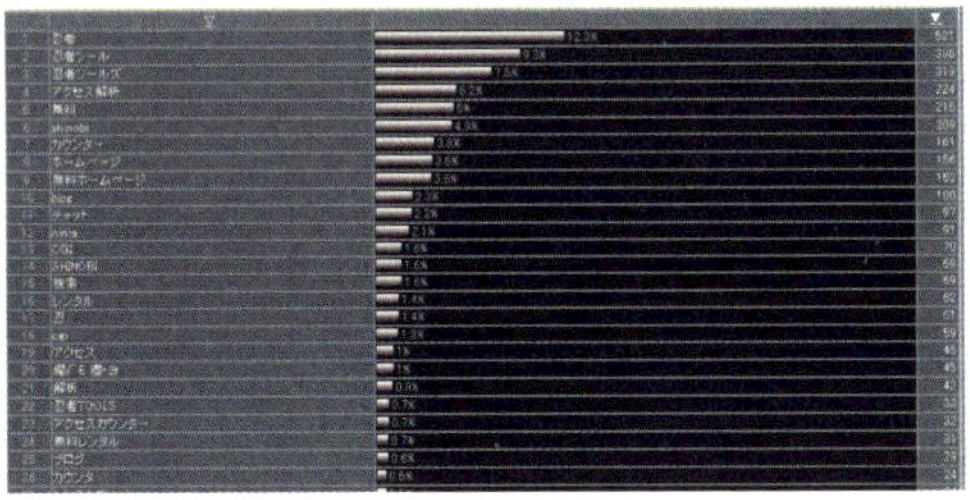

POINT

- 検索ワード解析では、お客さんがどのキーワードを使って自サイトへ訪問したかがわかる。SEO対策の手がかりとして、非常に有効なデータといえる。

③自サイト内のどこにはじめて訪れたのか把握することができる

多くのWEBマスターはトップページにアクセスが集中していて、そこからいろいろなページに巡回していると考えがちですが、サーチエンジンを経由してきたお客さんは、最初にサブページを訪問することも多いです。

とくにトップページにないような、具体的で詳細な情報を探しているお客さんはその傾向が高いようです。

アクセス数のあるサブページがどこなのかを把握し、コンテンツを充実させることによって、さらにリピーターを増やすことができます。

④特別なアクションを起こした場合の情報を把握する

新着情報の更新、メルマガの発行、相互リンク、懸賞の実施など、サイト内で行なわれるさまざまなイベント時に、どのくらいの効果があったかを把握することができます。

高い効果を得られるのはどんなことなのか知ることができたなら、その後も効率のよいアクセスアップができるでしょう。

アクセス解析・ページごとアクセス一覧

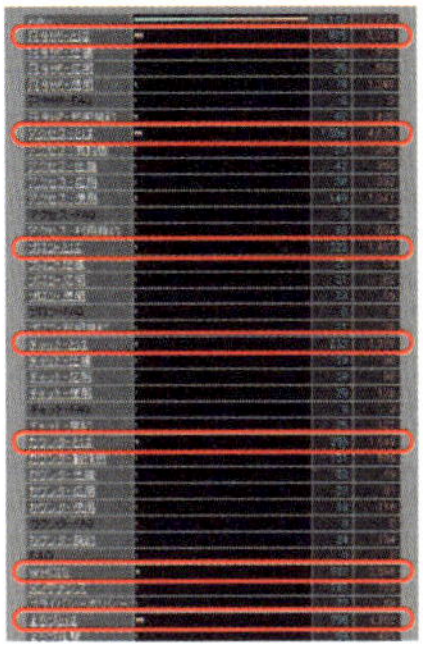

アクセスの多いページを充実させることで、お客さんの滞在時間は増え、お気に入りに追加させる可能性が高くなる

POINT

- 訪問者が自サイト内で、index以外のどのページにアクセスしたかを知ることができる。

アクセス解析・時系列アクセス解析

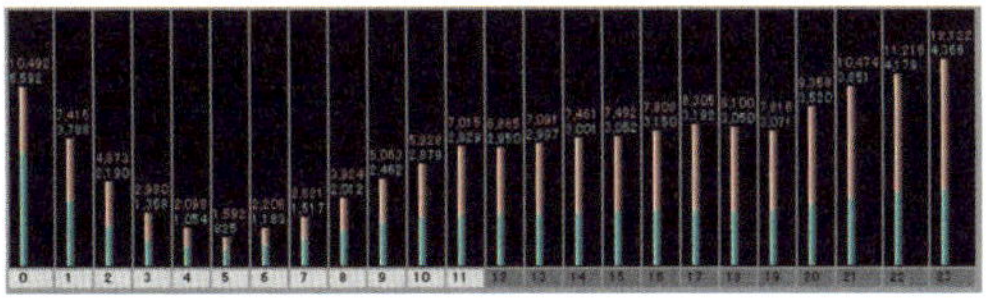

1日のアクセス数がもっとも多い時間帯の少し前くらいで実施すると効果的

POINT

- 時系列アクセス解析は、懸賞など、特別なイベントを行なった場合、それがどれだけの効果を発揮したかを知るのに役立つ。

鉄則34

SEOを制する者はアクセスアップを制する　その①

▼▼▼まずはSEOを理解しよう！

SEO（Search Engine Optimization）とはサーチエンジン最適化という意味で、ＹＡＨＯＯやＧｏｏｇｌｅなどの「サーチエンジン」で検索されたときに、自分のＨＰ、ブログがより上位に表示されるようにするための技術のことです。

現在、インターネットを利用している人の80％は、自分の知りたい情報をサーチエンジンで探していますが、さらに**その90％は最初の1～2ページ目（10～20サイト程度）を見ただけで、調べるのをやめてしまうというデータがあります。**

つまり、より多くのお客さんを呼ぶには、サーチエンジンの中で表示される位置が前のページであればあるほど、しかもそのページの中で上位であればあるほど、利用者の目につきやすく、訪問者も増えるというわけです。

SEOとはブログ、HPを上位に表示する技術

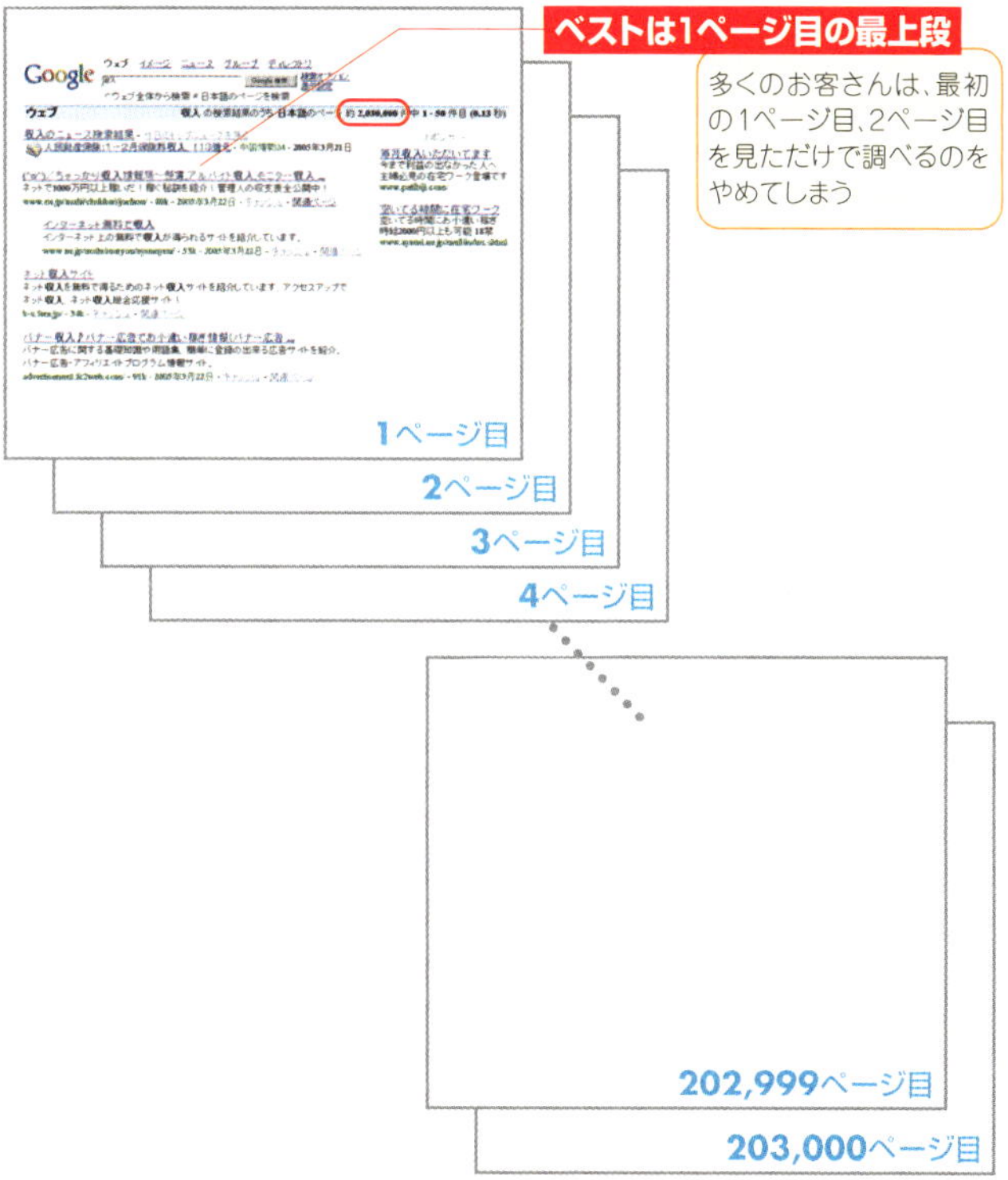

POINT

- たとえば同じようなことが書かれた書類が20万ページ以上あったとすると、利用者がすべてに目を通す必要がない場合、はたして何ページ目まで読むだろうか？　サーチエンジンの検索結果は何百万ということが当たり前なので、そこから自分のHP、ブログを訪問してもらうためには、なるべく、前のページの上のほうに表示される必要がある。

もちろん1ページ目の最上段に来るのがもっともよいことはいうまでもありません。

ところでYAHOOのように管理者が一つひとつのサイトを手作業で管理しているサーチエンジンを**ディレクトリ型サーチエンジン**といいますが、この場合、どこに自サイトが表示されるかは管理者の胸先三寸であり、外部の者が順位を変更させることは困難です。

一方、Googleのような特定のアルゴリズムによって、順位を変動させている**ロボット型サーチエンジン**の場合は技術介入によって、自分のHP、ブログをより上位に表示させることが可能です。

したがって**SEOとはロボット型サーチエンジンの中においていかに上位に表示されるかという技術のこと**を指します。

昨今、このSEOはアクセスアップの花形的存在として注目され、たくさんのサイトで取り上げられるようになりました。

アフィリエイトでお金を稼ぐためにはSEOをアクセスアップの中心として考え、メジャーなキーワードで上位表示を目指す必要があるのです。

「収入」というキーワードの検索結果

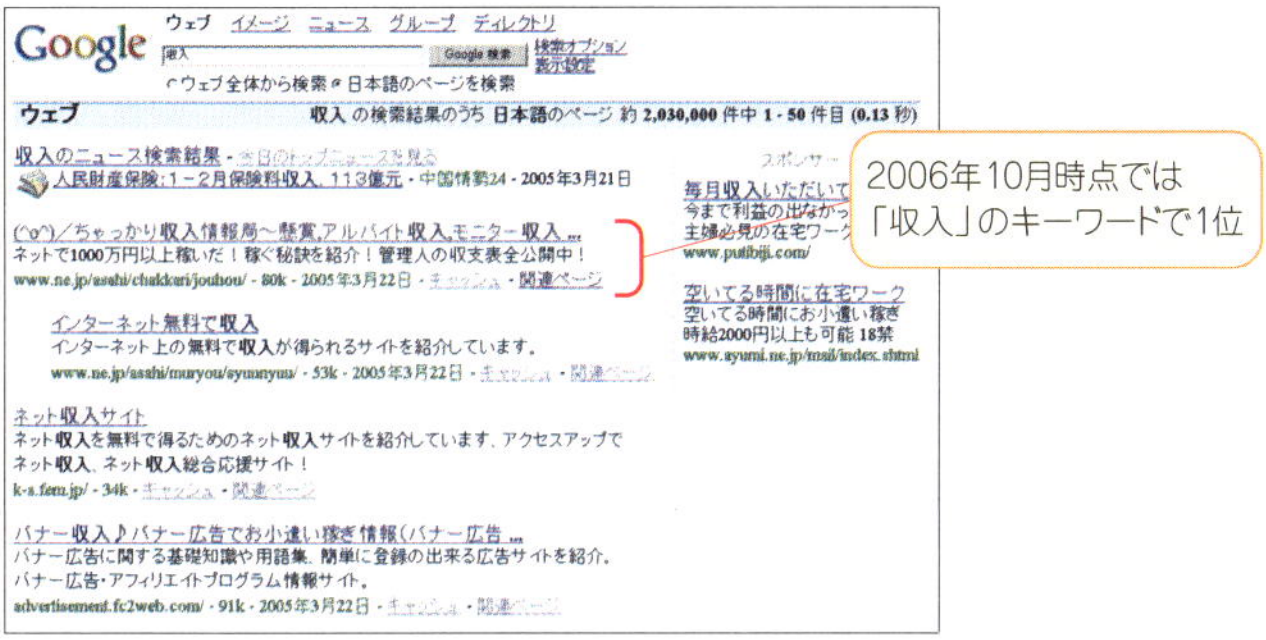
Google
ウェブ　イメージ　ニュース　グループ　ディレクトリ
ウェブ　収入 の検索結果のうち 日本語のページ 約 2,030,000 件中 1 - 50 件目 (0.13 秒)
収入のニュース検索結果
人民財産保険:1－2月保険料収入、113億元 - 中国情報24 - 2005年3月21日
(^o^)／ちゃっかり収入情報局～懸賞,アルバイト収入,モニター収入 ...
ネットで1000万円以上稼いだ！稼ぐ秘訣を紹介！管理人の収支表全公開中！
インターネット無料で収入
インターネット上の無料で収入が得られるサイトを紹介しています。
ネット収入サイト
ネット収入を無料で得るためのネット収入サイトを紹介しています。アクセスアップで
ネット収入、ネット収入総合応援サイト！
バナー収入♪バナー広告でお小遣い稼ぎ情報(バナー広告 ...
バナー広告に関する基礎知識や用語集、簡単に登録の出来る広告サイトを紹介。
バナー広告･アフィリエイトプログラム情報サイト。
毎月収入いただいて
空いてる時間に在宅ワーク
2006年10月時点では
「収入」のキーワードで1位

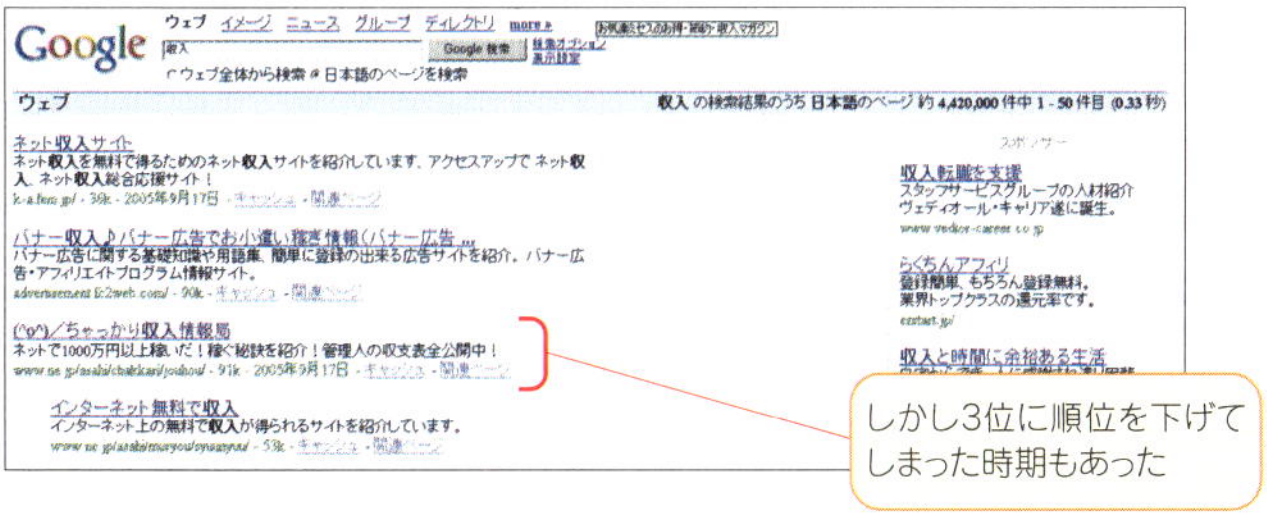
Google
ウェブ　イメージ　ニュース　グループ　ディレクトリ
ウェブ　収入 の検索結果のうち 日本語のページ 約 4,420,000 件中 1 - 50 件目 (0.33 秒)
ネット収入サイト
バナー収入♪バナー広告でお小遣い稼ぎ情報(バナー広告 ...
(^o^)／ちゃっかり収入情報局
ネットで1000万円以上稼いだ！稼ぐ秘訣を紹介！管理人の収支表全公開中！
インターネット無料で収入
インターネット上の無料で収入が得られるサイトを紹介しています。
収入転職を支援
らくちんアフィリ
しかし3位に順位を下げて
しまった時期もあった

POINT

- メジャーなキーワードで上位表示を目指す必要があるが、常に順位が変動しているだけにせっかく上位に表示されたとしても、翌月には順位が下がってしまっている可能性も大いにありえる。
- 私のHPも、この本の執筆をしている時点（2006年10月）では「収入」というキーワードで1位だが、この項目を書いている途中で3位に転落したこともあった。この本を手にされた皆さんが調べられたとき、何位になっているかなど想像もできない。
- このようにSEOはライバルも多く、順位は常に変動するので、決して安定的な手法となりえないという欠点がある。

①SEOはGoogle対策を中心に攻略する

SEOはロボット型サーチエンジンに対する技術であることは先述しましたが、なかでもとりわけGoogleは良質なサイトを上位に表示させる技術が高く評価されており、数あるロボット型サーチエンジンの中でも利用者が多いことで知られています。

またほかのサーチエンジンや多くのプロバイダーと提携しており、同じシステムを使っているので、Google対策をしておくと、結果として他のサーチエンジンでも上位で表示されるのです。

SEO対策はGoogle対策といっても過言ではありません。

②Googleの表示位置を決める2つの要素

Googleは検索されたキーワードについて書かれたページを探し出し（キーワードマッチング）、その中で独自の基準で判断したページランク（リンクポピュラリティ）の高いサイトから順に表示させるというシステムをとっています。

Google対策はこのキーワードマッチングとリンクポピュラリティという2つの技術に秀でている必要があります。

SEOは「Google」対策を中心に

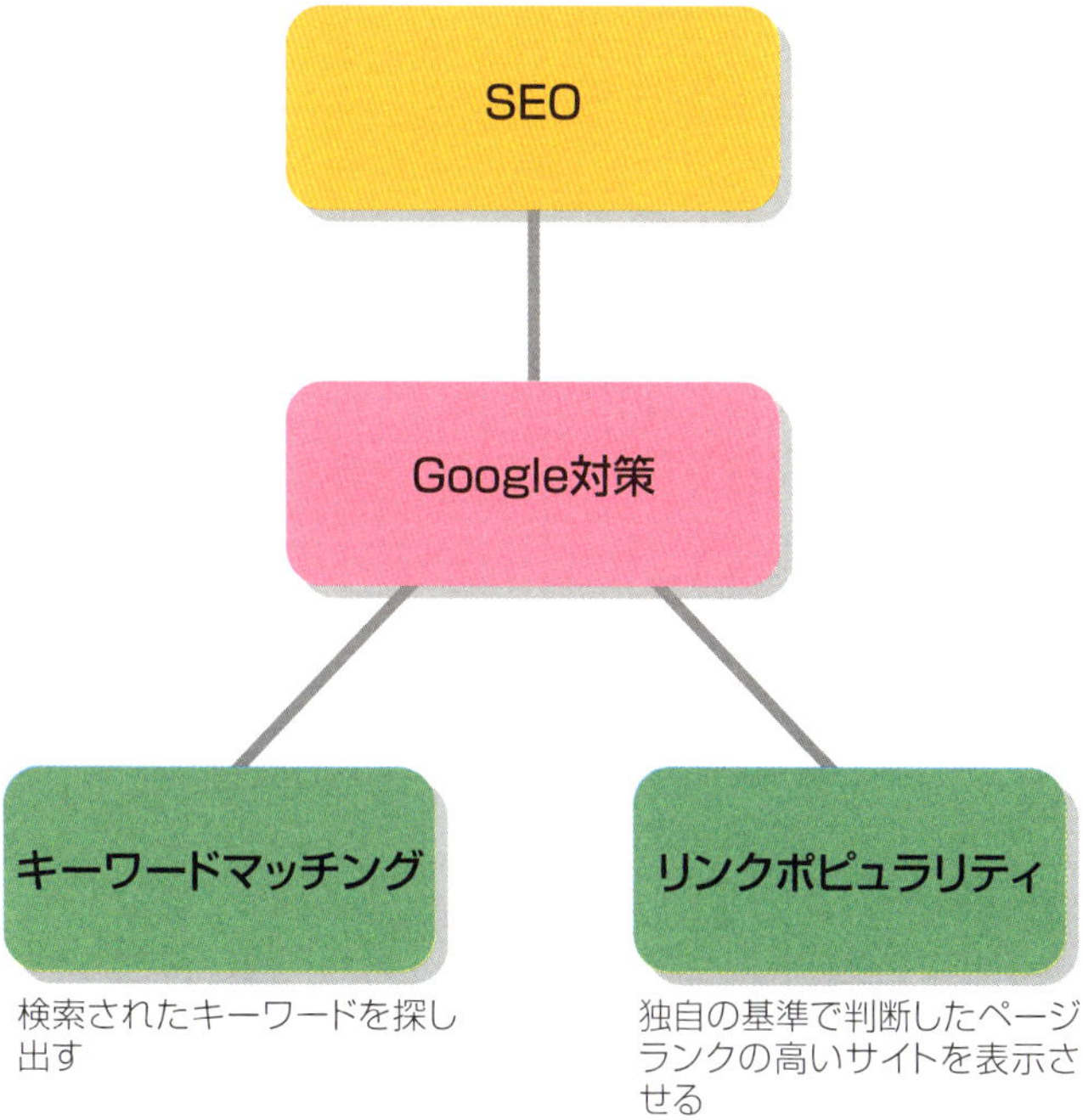

POINT

- Google対策をしておけば他のロボットサーチエンジン対策にもなる!

鉄則35

SEOを制する者はアクセスアップを制する　その②

キーワードをページの中にちりばめる

Ｇｏｏｇｌｅは検索されたキーワードについて書いてあるページを探し出し、一定の基準を満たしているものから順に表示します。

たとえばお客さんが「アフィリエイト」という言葉を検索したとき、アフィリエイトという単語が書かれているページを拾い出し、Ｇｏｏｇｌｅ特有の判断基準に基づいて、優秀なページから順に表示しているのです。

したがって自分のＨＰ、ブログの内容に照らし合わせたとき、どんなキーワードを検索したお客さんに来てほしいのか考えて、それらのキーワードをページの中にちりばめる技術のことをキーワードマッチングといいます。

キーワードマッチング

❶ たとえば「アフィリエイト」というキーワードをサーチエンジンで検索する

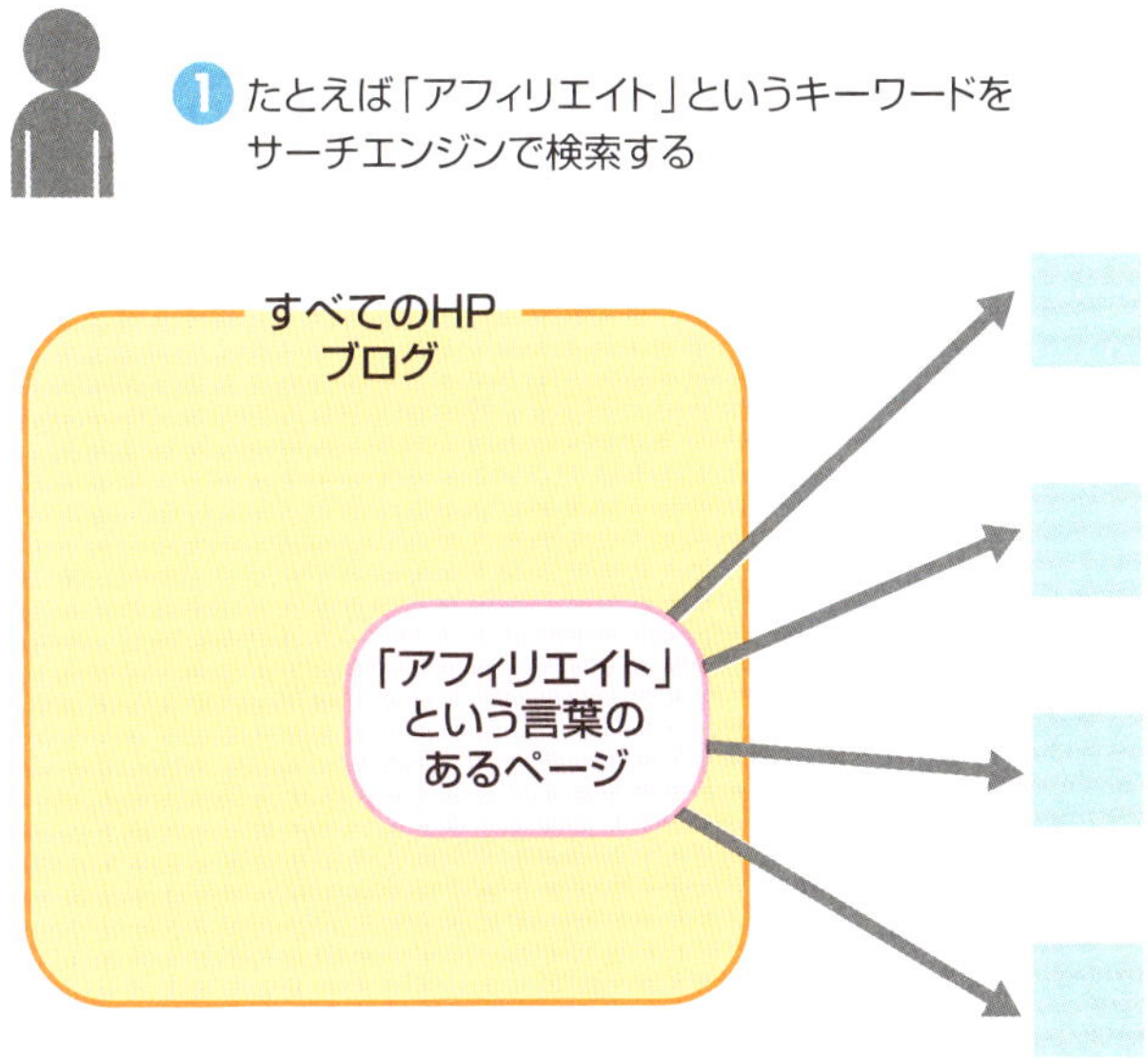

❷ サーチエンジンは「アフィリエイト」という言葉のあるページをひろい出す

❸ 順番をつけ、ユーザーに提供する

POINT

- WEBマスターが自サイトの特定のキーワードを選定し、ちりばめることにより、サーチエンジンにアピールして上位表示を狙う。

▼より効果的にキーワードマッチさせる

①独自ドメインを取得する

Googleでは同一ドメインの場合、2つのページしか表示してくれません。プロバイダなどのHPスペースを利用した場合、自サイトが表示される確率が極端に減ってしまう可能性があります。

つまり、特定のキーワードについて、どんなにすばらしいHP、ブログを作っても、**そのドメインの中で3位以下と判断されてしまうと、表示機会を失ってしまいます。**

②メタタグを挿入する

メタタグとはHTMLタグのうち、〈head〉～〈/head〉の中に書かれているべきもので、基本的には**タイトルタグ、ディスクリプションタグ（紹介文）、キーワードタグの3つ**です。

テキストマッチにおいて、Googleがもっとも重要視しているのは、なんといっ

独自ドメインを取得しなかった場合の不利

Google
ウェブ イメージ ニュース グループ ディレクトリ
収入
Google 検索
検索オプション
表示設定
ウェブ全体から検索 日本語のページを検索
ウェブ
収入 の検索結果のうち 日本語のページ 約 2,030,000 件中 1 - 50 件目 (0.13 秒)
収入のニュース検索結果 - 今日のトップニュースを見る
人民財産保険：1－2月保険料収入、113億元 - 中国情勢24 - 2005年3月21日
(^o^)／ちゃっかり収入情報局～懸賞,アルバイト収入,モニター収入 ...
ネットで1000万円以上稼いだ！稼ぐ秘訣を紹介！管理人の収支表全公開中！
www.ne.jp/asahi/chakkari/jouhou/ - 80k - 2005年3月22日 - キャッシュ - 関連ページ
インターネット無料で収入
インターネット上の無料で収入が得られるサイトを紹介しています。
www.ne.jp/asahi/muryou/syuunyuu/ - 53k - 2005年3月22日 - キャッシュ - 関連ページ
ネット収入サイト
ネット収入を無料で得るためのネット収入サイトを紹介しています、アクセスアップで
ネット収入、ネット収入総合応援サイト！
k-a.fem.jp/ - 34k - キャッシュ - 関連ページ
バナー収入♪バナー広告でお小遣い稼ぎ情報(バナー広告 ...
バナー広告に関する基礎知識や用語集、簡単に登録の出来る広告サイトを紹介。
バナー広告･アフィリエイトプログラム情報サイト。
advertisement.fc2web.com/ - 91k - 2005年3月22日 - キャッシュ - 関連ページ
THEネット収入
インターネット収入の情報サイト「THEネット収入」にようこそ！当サイトはインター
ネットを利用して収入を得るための情報を掲載しています。お小遣いプログラムやインター
ネット広告等で収入を稼ぎましょう。
tns.cymz.com/ - 96k - 2005年3月22日 - キャッシュ - 関連ページ
スポンサー
毎月収入いただいてます
今まで利益の出なかった人へ
主婦必見の在宅ワーク登場です
www.putibiji.com/
空いてる時間に在宅ワーク
空いてる時間にお小遣い稼ぎ
時給2000円以上も可能 18禁
www.ayumi.ne.jp/mail/index.shtml

POINT

- 「収入」という検索結果で「ちゃっかり収入情報局」のすぐ下に表示されているサイトのURLに注目。「www.ne.jp/asahi/」」までが同じ。これは、同じドメインのサーバースペース内で、「収入」というキーワードに関して1位のHPが「ちゃっかり収入情報局」であり、2位がその下に表示されているサイトということを意味する。
- 3位以下はどんなにすばらしいサイトであっても表示されない。これが独自ドメインを取得している場合、競争相手がいないため、そのドメイン内での1位は必ず自サイトになるので、どんな検索結果であっても表示されることになる。

白紙でアップされたページのHTML、メタタグ一覧

タイトルタグ（サイトタイトルを表示するタグです）

<TITLE>アフィリエイトでの神様が教える儲けの鉄則50<／TITLE>

❶タイトルタグはSEOにおける最重要項目です。

❷キーワードアドバイスツールを参考にして、2〜3個のキーワードを混ぜておくこと。

ディスクリプションタグ（HP、ブログの紹介文です）

<META　NAME="description" CONTENT="ブログ、ホームページ、携帯、メルマガのアフィリエイトでいっぱい稼ぐためのコツがいっぱい詰まったハウツー本です">

❶検索結果にこの文章が表示される可能性があります。

❷キーワードを織り交ぜつつユーザーが興味を引くような文章にしてください。

キーワードタグ（HP、ブログに関するキーワードです）

<META　NAME="keywords" CONTENT="アフィリエイト,携帯,ブログ,ホームページ,メルマガ,バナー広告,楽天,プログラム,amazon">

❶キーワードは半角カンマで区切ってください。

❷10個くらいにしておいてください。

❸キーワードアドバイスツールを参考にしましょう。

てもタイトルタグです。ここにターゲットとするキーワードを織り交ぜることはSEOの最重要事項であり、これを間違えてしまうと、あとのものはほとんど役に立ちません。

またメタタグにはほかにディスクリプションタグ、キーワードタグがあります。以前はSEO対策としてこれらのタグにキーワードを織り交ぜても、無視するロボットが多かったのですが、最近ではこれらに書かれた場所のキーワードを拾うようになったところもあるので、極力記述しておくべきです。

③そのページの最初に重要キーワードを書く

テキストマッチにおいて、Googleが重視していることのひとつが、そのページの最初に書かれているキーワード、**とくに30個目までが重要とされています。**

したがってここにターゲットとするキーワードを記入するとその単語について書かれているページと認識してくれます。

ただし、この最初のほうというのはタグ的にという意味なので、**画像を配置していたり、テーブルで分けられている場合などは、たとえブラウザ上で見て上にあったとしてもそうでない**ということを注意してください。

そのページの上段に重要なキーワードを書く

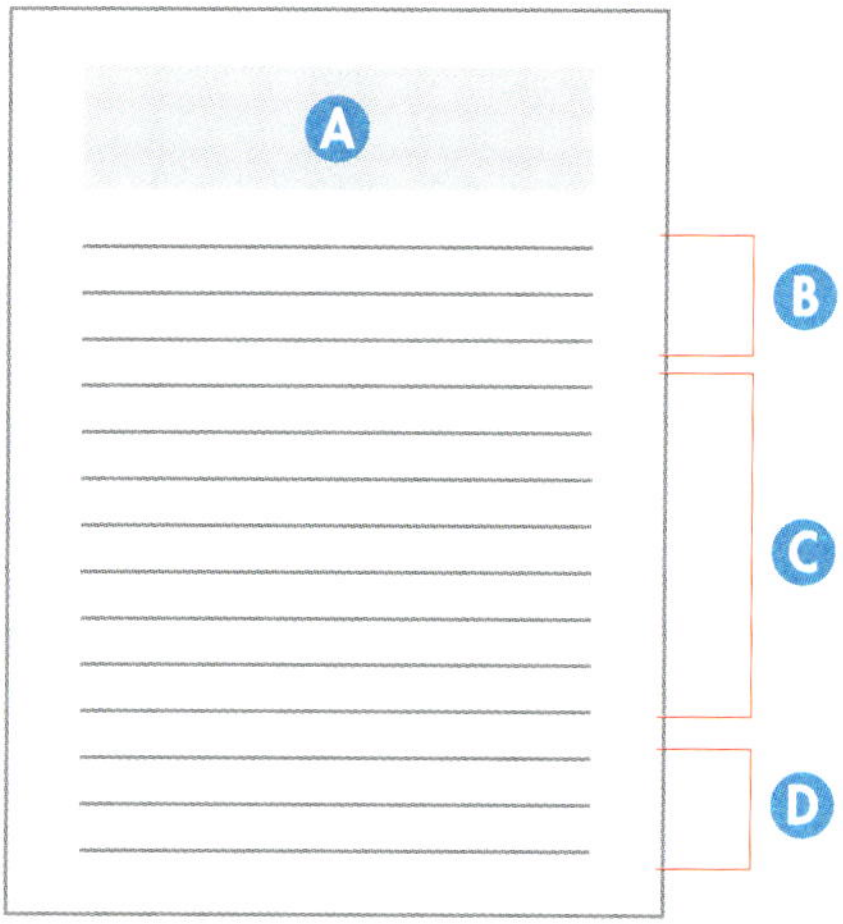

A タイトル画像など

B ～ D テキスト等

POINT

- Googleは最初に出てくる30のキーワードが（Bの部分）、そのページの重要キーワードであると判断する。本文途中（Cの部分）まではテキストマッチとして、キーワードを拾い上げる。
- ページが長くなると（Dの部分）、それ以下の部分は無視されてしまう。

④大事なキーワードをより強調する

(i) 見出しタグ

文中に重要なキーワードをH1タグで記入すると、そのサイトの見出し(Heading)として、重要視されます。**ただしH1タグは1サイトにひとつくらいにしておかないとスパムとみなされてしまう**可能性があるので、乱発はさけるべきです。

なお小見出しにはH2~H6を使います。

(ii) アンカーテキストリンク

アンカーリンクとはテキストリンクに書かれているキーワードのことです。

リンクに書かれているテキストは重要なキーワードが含まれているとし、リンクしているページ、リンクされているページともにそのキーワードに関しての評価が上がります。

とくに自サイト内に誘導するリンクを貼る場合、「トップページへ」とか、「こちらへ」と書かれたリンクを見かけますが、Google的にそれらのページは「トップページ」とか「こちら」に関することが詳しく書かれたと認識されてしまいます。

必ずページタイトルなど、キーワードを意識して挿入しましょう。

見出し、アンカーテキストのタグ

① 見出しタグ

ブラウザでの表示	HTMLソース	使い方の説明
収入	<h1>収入</h1>	もっとも大きな見出し。スパイダーもこのタグに囲まれているキーワードを重要視するが乱発するとスパムとみなされるとされている。サイトに1回使うくらいが妥当。
収入	<h2>収入</h2>	H1タグの次に大きな見出し。ページタイトルなどに使うとよい。
収入	<h3>収入</h3>	小見出しとして使われるタグ。
収入	<h4>収入</h4>	小見出しとして使われるタグ。
収入	<h5>収入</h5>	小見出しとして使われるタグ。
収入	<h6>収入</h6>	小見出しとして使われるタグ。

② アンカーテキストリンク

ブラウザでの表示	HTMLソース
ちゃっかり	<A href="http">ちゃっかり</A>

POINT

- スパイダーはアンカーテキストの中のキーワードを重要視する。上記例の場合「ちゃっかり」という言葉がそれに当たる。したがって、トップページから貼るリンクはキーワードアドバイスツールなどを使い、キーワードを織り交ぜるとよい。また、サブページからトップページへのリンクを「トップページへ」とか「INDEX」へとしているサイトをよく見かけるが、きちんとタイトルの名前でリンクを貼ったほうが効果的。
- キーワード出現頻度解析は、「SEOツール」として公開されたもので、SEO検索エンジン最適化を効率よく行なうためのオンラインツールである。
- テキストマッチやキーワード出現頻度をオンラインから簡単に計測することができる。

（iii）ストロングタグで文字通り重要キーワードを強調する

このタグを使うことによって、SEO的にも外見上も大事なキーワードを協調することができます。見出し以外の本文に使うと有効でしょう。

<STRONG></STRONG>の間に挿入した文字を協調することができます。

（iv）文字サイズの変更する

文字のサイズを大きくすることは先述した見出しタグと外見上似ていますが、SEO的にはやや重要度が低くなるようです。

<FONT size="+3"></FONT>の間に挿入した文字サイズを変更させることができます。ここでは「+3」としましたが、その数字を変えることで文字の大小を調整できます。

（v）その他のタグ

文字強調のタグとしては他にも太字（<B> </B>）、斜体（<I></I>）、下線（<U></U>）などがありますが、これらは先述したものよりもSEO的には重要度が低いものですが、外見上強調するという使い分けをすれば有効です。

⑤キーワード密度を意識する

特定のキーワードが複数書かれているページは、そのキーワードに関しての重要度が上がります。

ただし、あまりにも多すぎるとスパムと判断されてしまいます。一般的には**全文の中に占めるキーワードの割合が4％以内**だったら問題ないとされています。

それらを確認しながら、行きすぎない程度にターゲットとするキーワードを増やしていきましょう。

⑥1ページ1項目にとどめる

1枚のページにたくさんの事項を盛り込むと、キーワードが相殺し合い、何について書かれているかぼやけてしまいます。

あまりにも多くのことが書かれている場合は、なるべく**1ページ1項目**になるようにして、どんな内容のページなのか明確にしましょう。

そこに書かれている項目は、新たにページを作って分けてしまえばリンクポピュラリティにもよい影響を与えるので、まさに一石二鳥といえるでしょう。

キーワード出現頻度解析

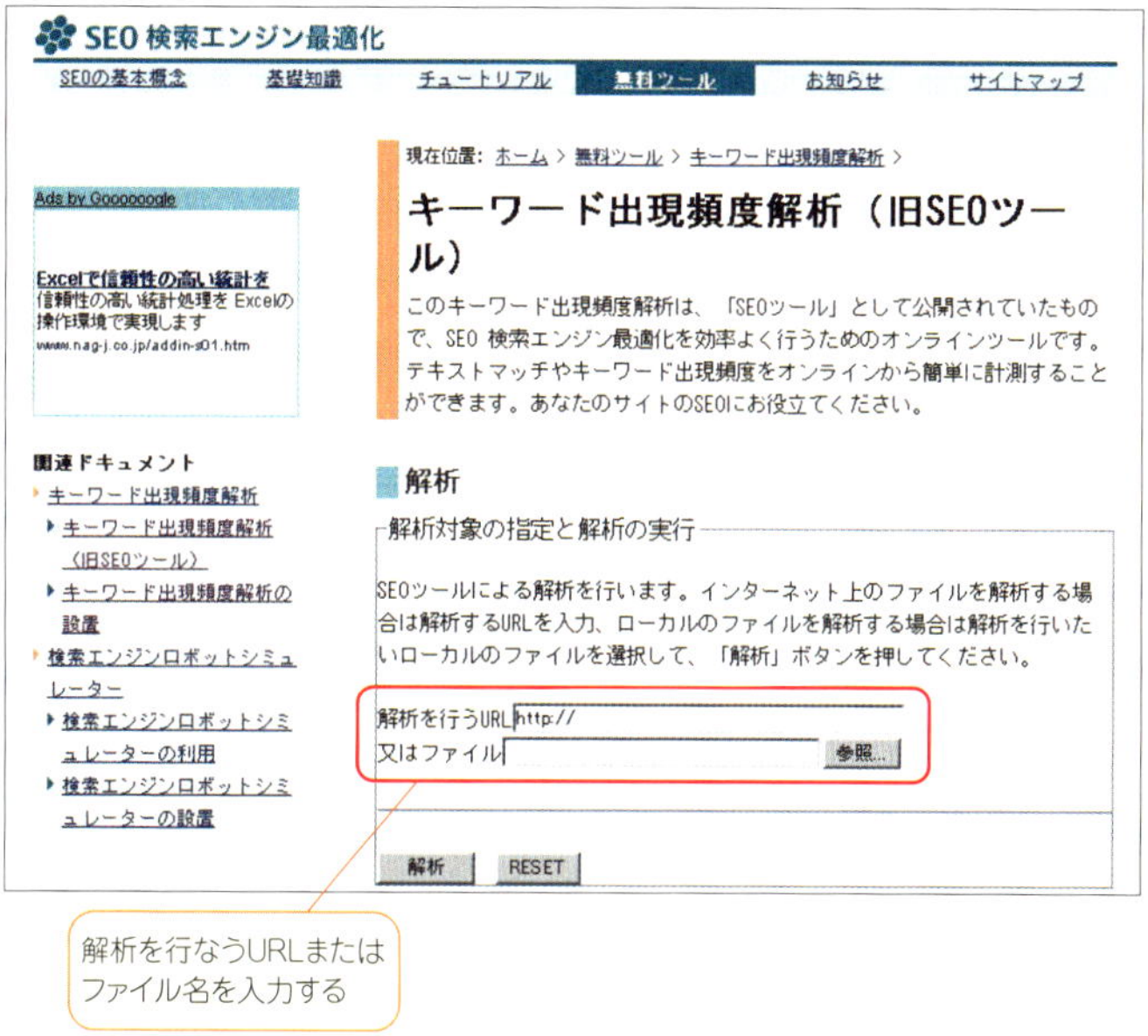

http://www.searchengineoptimization.jp/tools/keyword_density_analyzer.html

POINT

- 1ページ内に4%を超える頻度でキーワードを織り交ぜると不利になるので、4%を超えている場合はキーワードを削ること。

鉄則36

SEOを制する者はアクセスアップを制する　その③

良質なリンクを確保する

リンクポピュラリティとはGoogle的に評価（以下、ページランク）の高いページから、どれくらいたくさんのリンクが貼られているかということで、順位づけられる基準です。

よそのサイトからリンクされていることは、そのサイトから評価してもらっているので、たくさんリンクされているページは優れているということです。

ただし、単純にリンクされている数が多ければ多いほど、ページランクが上がるというわけではなく、悪質なページからリンクされていたり、あまりにも被リンク数が多い場合、逆にページランクが下がってしまいます。

良質なリンクを、いかにほどよく確保するかが求められるものです。

リンクポピュラリティの考え方

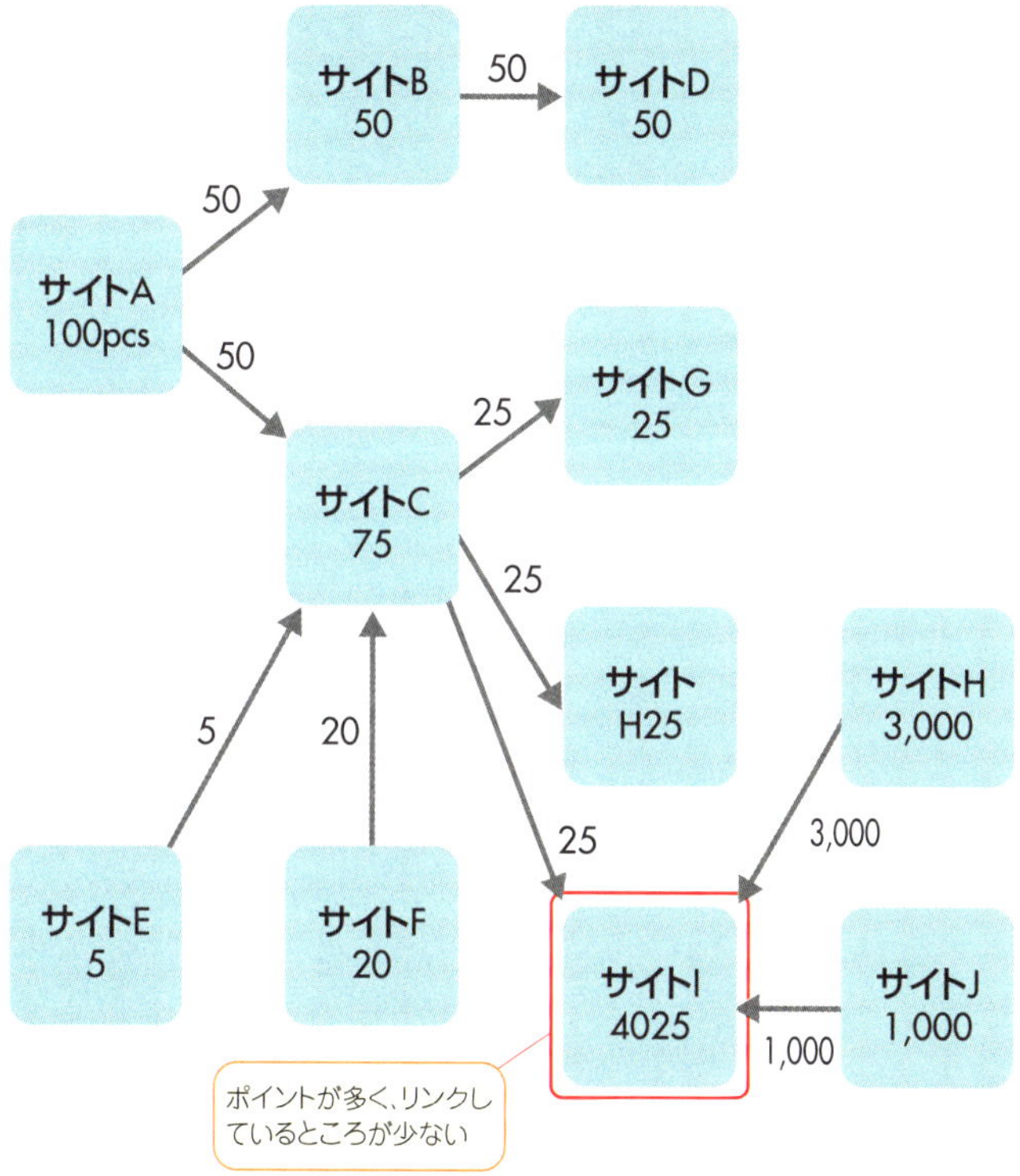

POINT

- サイトAが100ポイント、2つのサイトしかリンクしていない場合、サイトBとCに50ポイントずつ振り分けられる。ということは、サイトIのように、ポイントが多くてリンクしているところが少ないサイトにリンクしてもらうことこそがリンクポピュラリティの成功といえる。もちろん現実的にはとても難しいが…。

▼リンクポピュラリティを上げる方法を覚えよう

①「Ｇｏｏｇｌｅツールバー」を導入して、ページランクを把握しよう!

「Ｇｏｏｇｌｅツールバー（http://toolbar.google.com/）」とはＧｏｏｇｌｅが提供しているフリーソフトのことで、リンクポピュラリティに関するそのページの評価を、10段階に分けて表示してくれます。

ＳＥＯ対策の第一歩として、まずは自サイトのページランクを確認してみましょう。目安として、最低でも「3」、「4」ならＯＫ、「5」は満足と考えてください。

②自サイト内のすべてのページからリンクを貼り合う

Ｇｏｏｇｌｅのリンクポピュラリティの概念では、自サイトから貼ったものも、他サイトから貼られたものもリンクとして考えられるので、たくさんのページがあるＨＰ、ブログというのはそれだけでＳＥＯ的に有利といえるでしょう。

また、すべてのページからトップページへのリンクを貼ると同時に、サイトマップページを作成し全ページに貼り付けておくと、ロボットもスムーズに巡回できます。

「Google ツールバー」を導入する

Googleのホームページ(http://toolbar.google.com)に行き、「Download Google Toolbar」をクリック。セキュリティ警告のウィンドウで「実行」。

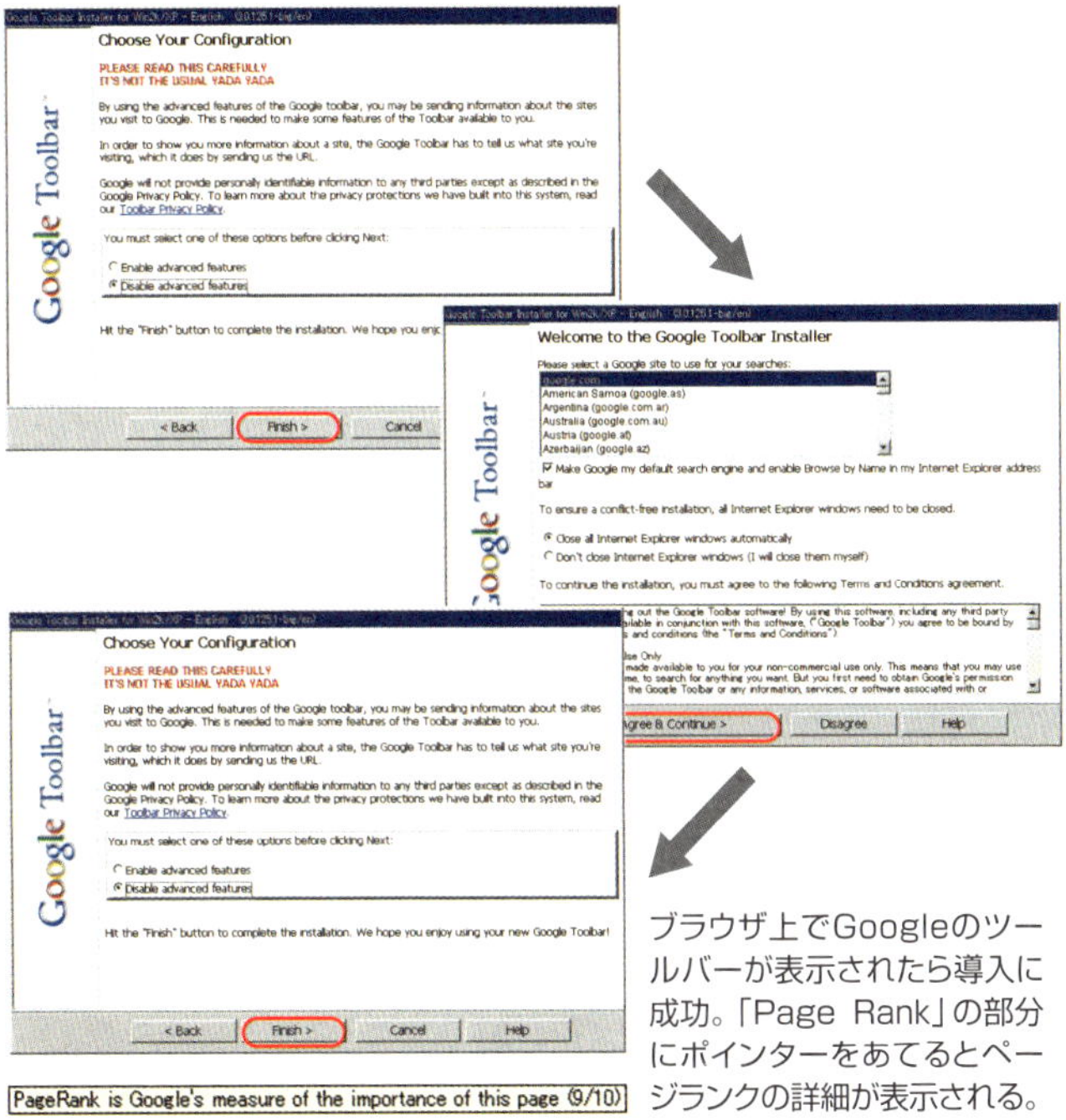

ブラウザ上でGoogleのツールバーが表示されたら導入に成功。「Page Rank」の部分にポインターをあてるとページランクの詳細が表示される。

POINT

- いまのところ、日本語版のツールバーではページランクのゲージは出ても、数値は表示されないので、英語版を使うこと。
- ページランクが高いほどGoogleにおけるよいサイトということになる。相互リンクをしてもらう際も、ページランクの高いサイトにお願いすると効果的。

③他サイトからたくさんのリンクを貼ってもらう

他サイトからリンクを貼ってもらう手段としては**リンク集に登録する、相互リンクをするなど**が挙げられます。それぞれの手段についてはのちほど解説します。

自サイトのページランクが0とか1しかない場合はこうしたところに登録して、少しでもページランクを上げるというのも有効です。

ただし、掲示板のようなCGIを使っている動的ページからのリンクはそれほどページランクに貢献しません。また、リンクファームのように、なんの脈絡もなく、ただ**ページランクを上げるためだけに存在するようなリンク集からのリンクは、スパムとみなされページランクを落としてしまう可能性があります。**

④ページランクの高いサイトにリンクしてもらう

自サイトのページランクを上げるもっとも効果的な手段はページランクの高いページからリンクしてもらうことです。

具体的な手段としては**YAHOO、dmozなどのディレクトリ型サーチエンジンに登録してもらうというのがもっとも効果的です。**

ページランクの高いサイトからのリンクを狙う

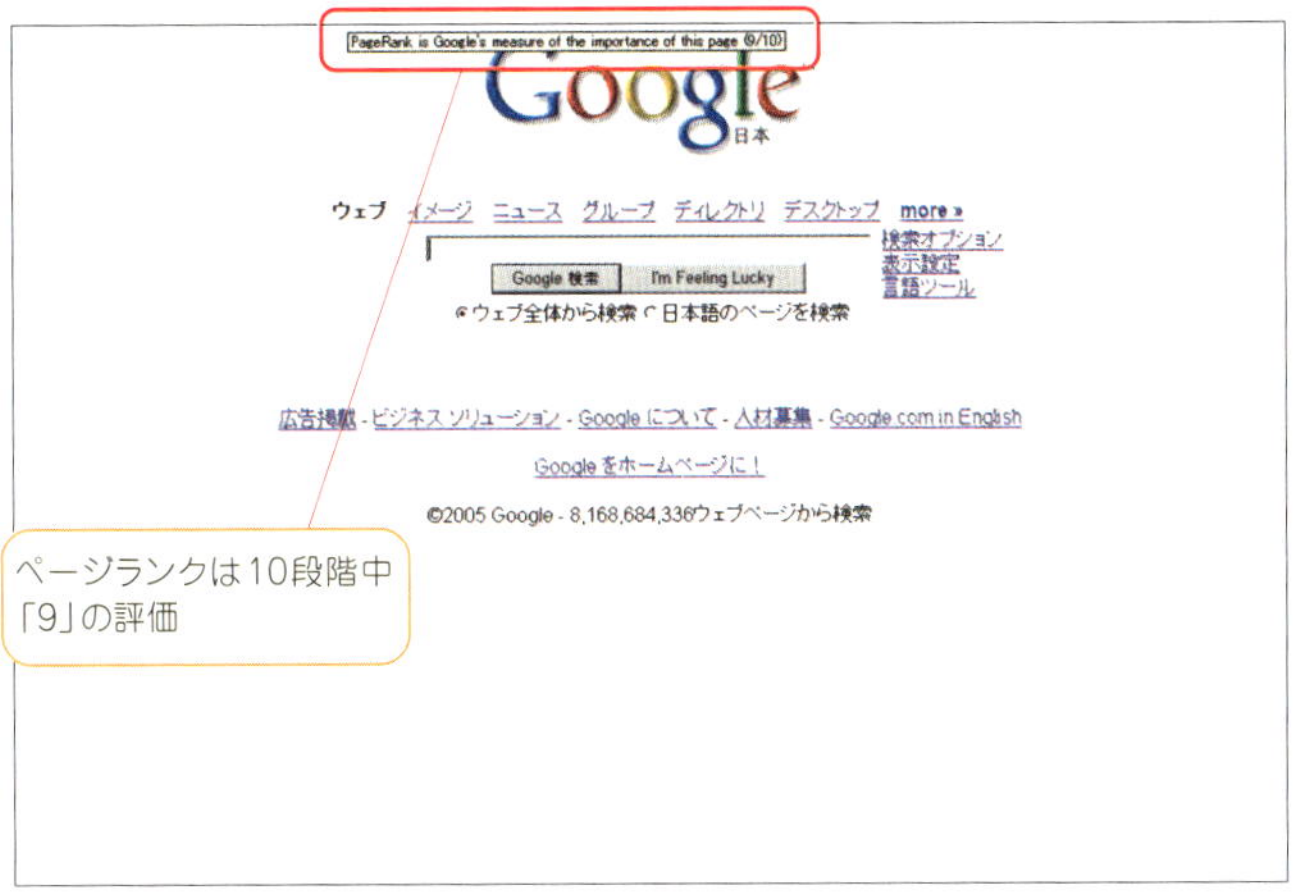

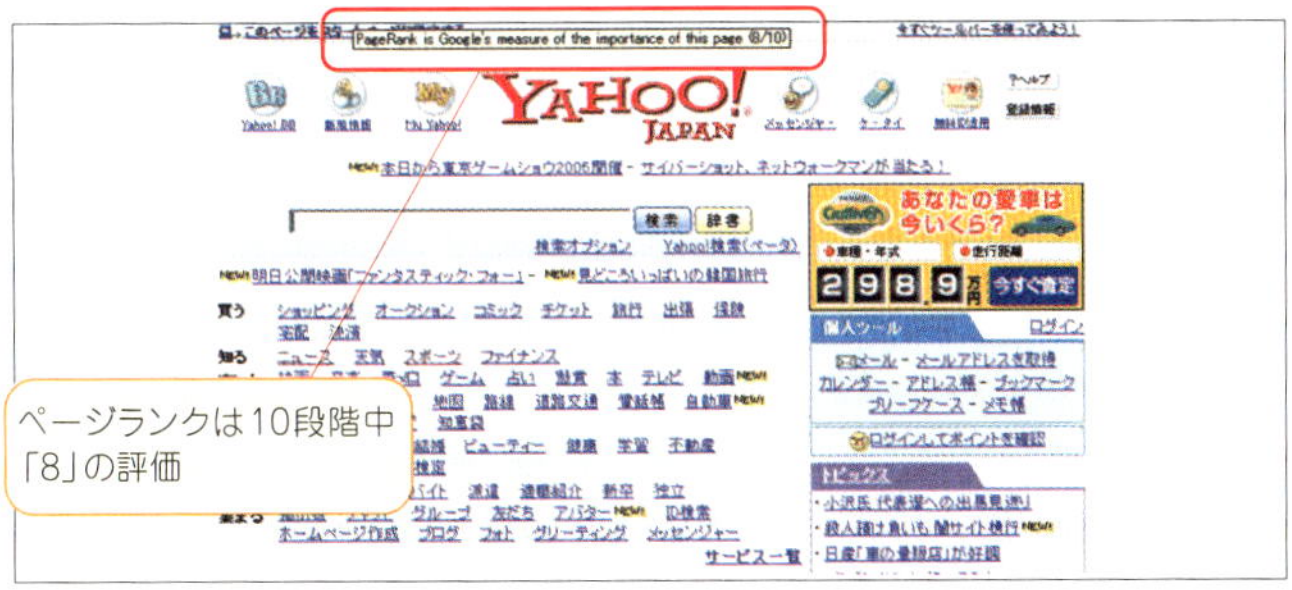

POINT

- Google自身のページランクは9、YAHOOのページランクは8ということがわかる。
- こうしたページランクの高いサイトからリンクしてもらえば、自サイトのページランクを上げることが可能となる。

鉄則 37

SEOを制する者はアクセスアップを制する　その④

SEOスパムに対するペナルティとその対策を理解しよう

SEOスパムとは、サーチエンジンのアルゴリズムを逆手にとって、上位表示させるテクニックの総称です。

こうした技術の横行を許してしまうと、中身など関係なく、上位表示されてしまうので、利用者としては使いづらくなってしまいます。

もちろんサーチエンジン管理者としても常にこうしたテクニックを排除しようとしています。

実際に、Ｇｏｏｇｌｅの「ＷＥＢマスターのためのガイドラインＳＥＯ スパムに関して」では、ページランクを下げたり、検索結果に反映されないようにするなど、ペナルティを課すとはっきり記述してあります。

また、ほとんどのSEO指南書や指南サイトは、こうした行為を反則行為として厳しく禁じています。

▼何がスパムかを判断するのは難しい

ところが各サーチエンジンのスパムの定義は常に変化しているので、現時点でスパムじゃないものが将来スパムと定義されてしまう可能性もありますし、一方で、かつてスパムだったものがスパムじゃなくなるということもあります。

また、上位表示させるためのテクニックをスパムと定義するなら、**将来的なことまで視野に含めると、何がスパムで何がスパムでないかを判断するのは、サーチエンジン管理者さえ難しいでしょう。**

もちろん、外部の人間である私たちには不可能です。

ということは意識的にSEOスパムを取り入れるような行為は問題外としても、あまり神経質になりすぎるというのもどうかと思われます。

それはともかく、SEOをアクセスアップに取り入れる際には、現段階でSEOスパムと定義されるものを理解しておく必要があるでしょう。

WEBマスターのためのガイドライン

階層やテキストリンクなど、サイト構造に関するアドバイス

ウェブマスターのための Google 情報

ウェブマスターのためのガイドライン

次のガイドラインに沿ってサイトを作成すると、Google のインデックスに登録されやすくなります。ガイドラインに沿ったサイトを作成しない場合も、"品質に関するガイドライン" を読むことを強くお勧めします。このガイドラインでは、Google のインデックスから完全に削除される可能性のある不正なサイトについて説明しています。削除されたサイトは、Google や Google のパートナー サイトの検索結果に表示されなくなります。

デザインおよびコンテンツに関するガイドライン

- わかりやすい階層とテキスト リンクを持つサイト構造にする。各ページへは、少なくとも 1 つの静的なテキスト リンクからアクセスできるようにします。サイトの主要なページへのリンクを記載したサイト マップを用意する。サイト マップ内にリンクが 100 以上ある場合は、サイト マップを複数のページに分けます。情報量が豊富で便利なサイトを作成し、コンテンツをわかりやすく正確に記述する。ユーザーがサイトを探すときに入力する可能性の高いキーワードをサイトに含める。重要な名前、コンテンツ、またはリンクを表示するときは、画像の代わりにテキストを使用する。Google のクローラでは、画像に含まれたテキストは認識されません。TITLE タグおよび ALT タグの説明をわかりやすく正確なものにする。
- 無効なリンクがないかどうか確認し、HTML を修正する。
- 動的なページ (URL に "?" が含まれているページなど) を使用する場合、検索エンジンのスパイダーによっては、静的なページと同じ様にはクロールされない場合があることを考慮する。パラメータを短くしたり、数を少なくすると、クローラで見つけやすくなります。
- 1 つのページに表示されたリンクの数を適切な数に抑える (100 未満)。

技術関連のガイドライン

- Lynx などのテキスト ブラウザを使用してサイトを確認する。ほとんどの検索エンジン スパイダーは、クロール時に Lynx に表示される形式で各サイトを認識します。テキスト ブラウザで、Javascript、cookie、セッション ID、フレーム、DHTML、Flash などの特殊な機能を使用して作成されたサイトの一部が表示されない場合は、検索エンジンスパイダーがサイトをクロールするときに問題が発生する可能性があります。
- セッション ID やサイト内のパスを追跡する引数がなくても、検索ロボットがサイトをクロールできるようにする。これらのテクニックは個々のユーザーの動きを追跡する場合に便利ですが、ロボットがアクセスするパターンとはまったく異なります。これらのテクニックを使用すると、一見異なっているようで実際は同じページにリンクしている URL をロボットが排除できず、そのサイトのインデックスが不完全なものになる可能性があります。
- ウェブ サーバーが If-Modified-Since HTTP ヘッダーに対応していることを確認する。この機能を使用すると、Google が前回サイトをクロールした後にコンテンツが変更されたかどうかを、サーバーからクローラに通知し、帯域幅や負荷を軽減できます。
- ウェブ サーバーの robots.txt ファイルを活用する。このファイルでは、クロールを実行するディレクトリと実行しないディレクトリを指定できます。誤って Googlebot クローラがブロックされることのないよう、このファイルにサイトの最新の状態が反映されていることを確認してください。サイトへのロボットのアクセスを制御する方法については、次の URL (英語) をご覧ください。http://www.robotstxt.org/wc/faq.html
- コンテンツ管理システムを導入する場合は、検索エンジン スパイダーがサイトをクロールできるように、システムからコンテンツをエクスポートできることを確認する。
- URL で "&id=" パラメータを使用しない。このパラメータを含むページは Google のインデックスに登録されません。

サイトの準備ができたら

- 他の関連するサイトからリンクする。
- http://www.google.co.jp/addurl.html から Google にサイトを申請する。

http://www.google.co.jp/intl/ja/webmasters/guidelines.html

検索エンジンスパイダーや検索ロボット、ウェブサーバーの活用法など、技術関連の注意事項

POINT

- 「WEBマスターのためのガイドライン」にはGoogleの基本方針などが明確化されている。

▼一般的にSEOスパムと定義されている技術は使用しない

①キーワードの羅列

ターゲットとするキーワードを羅列して、密度を高くするということはもっとも初歩的なスパムです。**一般的には、同一のキーワードが4%以上あるとスパムとなる**可能性があります。

なお、上位に表示させたいキーワードをメタタグやタイトルタグなどに2回以上記述しているとスパムとみなされます。

②隠しテキスト

隠しテキストとはユーザーの見た目に不自然ではないように、背景と同じ色か、あるいはそれに近い色を用いて、キーワードを羅列する行為です。キーワード密度を上げたり、よりたくさんのキーワードでサーチエンジンにかかることを目的としています。

どこのサイトでもよく見かけるほほえましいスパムですが、発覚しやすいだけに見つかると恥ずかしいです。

③リダイレクト

リダイレクトとは、ユーザーを自分が意図するページに自動的にジャンプさせる技術です。refreshタグ、JavaScriptのいずれも、リダイレクトはスパムとされています。

URLを変更した際、「このHPは引っ越しました。5秒後に自動的にそちらにジャンプします」というアナウンスメントを見かけますが、あれもスパムとしてみなされます。

④ミラーサイト

ミラーサイトとは、鏡のようにまったく同じデザイン、内容のサイトを複数作ることです。

SEO指南書などにも堂々と有効なテクニックとして紹介されていたりしますが、Googleの「WEBマスターのためのガイドライン」にははっきりとスパムと定義されています。

⑤リンクファーム

リンクファームとは、ページランクを上げるために意図的にリンクし合うことです。注意したいのはリンクファームからリンクが貼られている場合ではなく、自サイトからリンクを貼っている場合に参加したとみなされるということです。悪質なSEO業者などが利用しています。

⑥クローキング

クローキングとは、サーチエンジンごとにそれぞれで上位表示ができるよう、違うページを用意し、各サーチエンジンのスパイダーに見せつけるという難易度の高いスパムです。

Googleでは表示順位の操作を目的としてクローキングを行なっているサイトに対して、**インデックスから永久に追放する**場合があるとアナウンスしています。もっとも悪質なスパムですので、絶対にやらないようにしてください。

鉄則38

バナーエクスチェンジは相乗効果をもたらす

アクセスアップ効果は低いが、もとは取れる

バナーエクスチェンジとは、登録されたHP、ブログのバナーをランダムに表示しあうシステムのことです。他サイトのバナーを自分のHP、ブログ上に表示すると、その回数分だけよそのHP、ブログで自サイトのバナーが表示されます。

自サイトと表示されたサイトの趣向がまったく違う可能性もあるうえに、表示されても訪問してくれる可能性も低いので、直接的にはあまり強力な手段といえないかもしれません。

しかし、バナーエクスチェンジは**一度登録してしまえば、それ以降は何の手間もかからないという強みがあります。**アクセスアップは膨大な繰り返しが必要な作業が多いだけに、費用対効果はむしろプラスといえるでしょう（巻末資料参照）。

バナーエクスチェンジのシステム

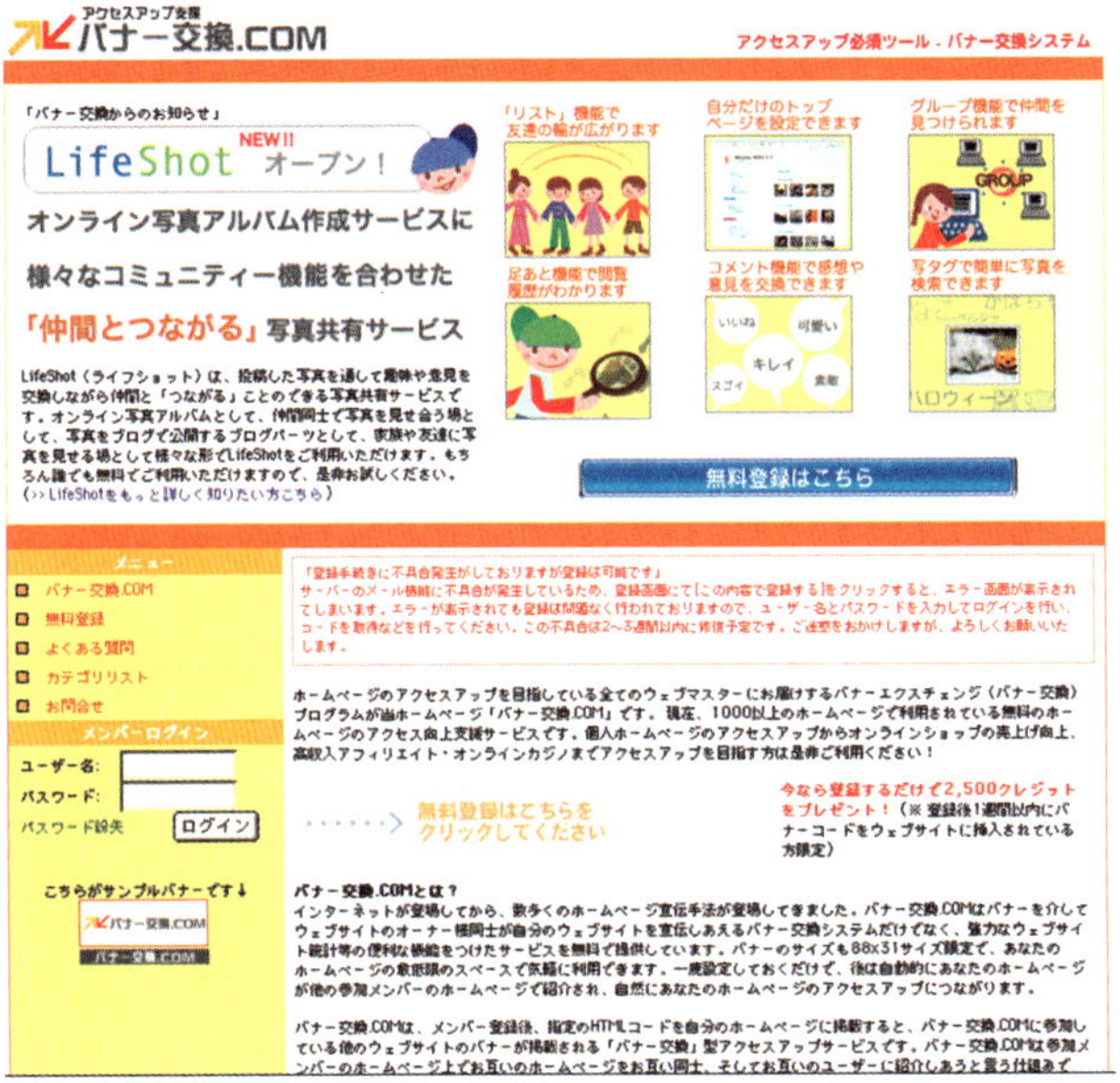

POINT

- 「バナー交換.com」は、無料のバナー交換ネットワーク。
- 登録して指定のHTMLコードを自分のHPに掲載すると、同じネットワークに参加している他のHPのバナーが自分のHPに表示される。また、自分のHPのバナーが他の登録ページに表示される。
- 還元率のよいバナーエクスチェンジを見つけ出し、より多くのものを表示させるとよい。

http://www.banner-kokan.com/

▼バナーエクスチェンジを効果的に活用する

①なるべく多くのバナーエクスチェンジに参加しよう

アクセスアップとしては、爆発的な効果が期待できなくても、表示されるだけでアクセス数を増やせるバナーエクスチェンジは、とくに**「参加することに意義がある」**という言葉がぴったりです。

どのサービスに参加しようかと悩む必要はありません。SEO的にも効果がありますから、見つけたらなるべく多くのバナーエクスチェンジに参加してください。

②アクセス数が大幅に増える前に登録して行きがけの駄賃を手に入れよう

懸賞を実施したり、サイト宣伝メルマガやマスメディアなどで紹介されるなど、一時的にでも爆発的にアクセス数が伸びるようなときは、**バナーエクスチェンジに少しでも多く登録して行きがけの駄賃的アクセス数を稼いでください。**相乗効果が期待できます。とくにお金をかけてアクセスアップをするときは少しでももとが取れるよう努力しましょう。

③全ページの最下層にインラインフレームを貼り付けて表示させよう

基本的にバナーエクスチェンジのバナーは、表示されればそれだけアクセスアップにつながりますから、全ページに貼り付けたほうが断然効果的です。

しかし、新しいバナーエクスチェンジに参加するたびに全ページに貼り付けていたのでは時間がかかってしかたありません。そこで**ページの最下層にインラインフレームを設けて、もとのページから表示させれば膨大な手間を省くことができます。**

④紹介制度を利用する

バナーエクスチェンジは、他サイトに紹介することによってボーナス的に自サイトのバナーを表示してもらえるところが多いです。これは紹介したサイトが表示した回数の何割かを紹介料がわりに自サイトのバナーを継続的に紹介してもらえるものもありますから、**たくさん紹介することができればけっこう馬鹿にならないアクセスアップになります。**積極的に活用しましょう。

鉄則39

宣伝メルマガ一括登録サイトを利用しよう

▼▼▼多くのメルマガで紹介してもらえるので、アクセスアップが期待できる

ＨＰ宣伝メルマガとは、ＨＰ・ブログを宣伝してくれるメルマガのことで、読者に対してはメルマガ発行者のおすすめサイトとして紹介されます。なかには発行部数が数万を超えるものもあり、紹介されたときの反応も馬鹿になりません。

しかし、宣伝メルマガは無料のものだけでも数百くらいあるので、一つひとつ登録していくと大変な時間と手間がかかってしまいます。

そこで、宣伝メルマガ一括登録サイトを利用しましょう。**ひと通りのＨＰ、ブログ情報を入力するだけで多くのメルマガに登録することができます。**

登録されているすべてのメルマガの購読者数を合わせると１００万人を超えるということなので、短期間ながら、爆発的なアクセス数が期待できます。

宣伝メルマガ一括登録サイト

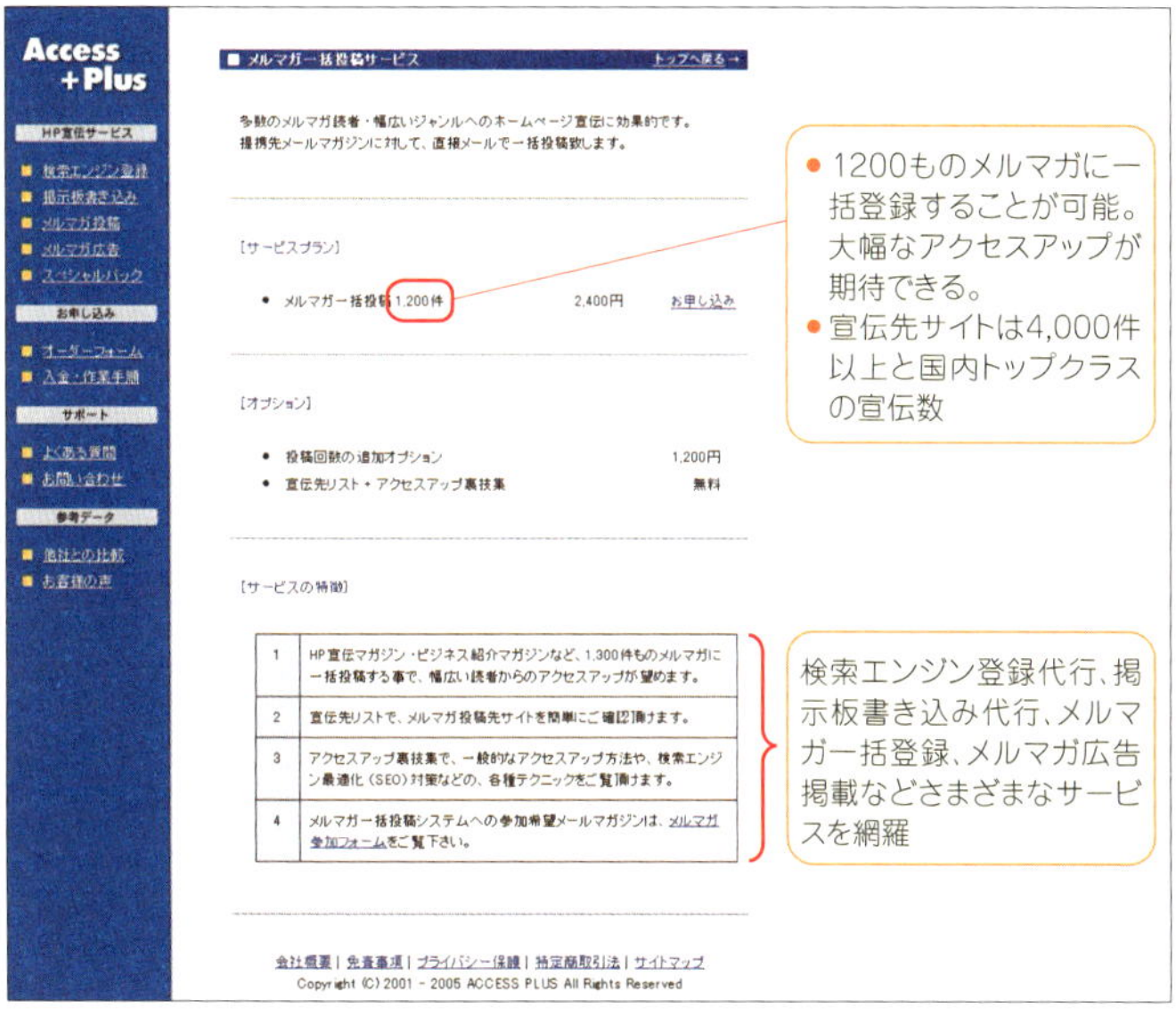

- 1200ものメルマガに一括登録することが可能。大幅なアクセスアップが期待できる。
- 宣伝先サイトは4,000件以上と国内トップクラスの宣伝数

検索エンジン登録代行、掲示板書き込み代行、メルマガ一括登録、メルマガ広告掲載などさまざまなサービスを網羅

POINT

- 「アクセスプラス」は、HPのアクセスアップ・販売促進を支援する、広告宣伝サービスを提供するメルマガ一括登録サイト。
- 検索エンジン登録代行から、メルマガ広告まで幅広く対応する。
  http://www.accessplus.jp/

①専用メールアドレスは必需品である

宣伝メルマガの場合、宣伝してもらう代わりに、そのメルマガの購読が条件になっているところがほとんどです。

数百のメルマガに一括で登録するので、大量の宣伝メールが送られてくるようになります。基本的にそのアドレスは使えなくなると考えたほうがよいでしょう。

あらかじめ**フリーメールなどで、宣伝メルマガ登録用にメールアドレスを確保しておくことをおすすめします。**こうすればメルマガを読みたいときも、メインのメールを見るときも混乱しないでしょう。

②期間をしっかりチェックして登録しよう

一度紹介してもらうと次回は1カ月先、長いところになると半年は紹介しないというシステムになっているところが多いです。この決まりを守らないと、二度と紹介してくれないという厳しい措置をとっているところもあります。

前回登録した日はちゃんとチェックしておいて、期間は十分にあけるべきでしょう。複数のHP、ブログがあれば順番に紹介してもらえば理想的です。

③他のHP、ブログに埋もれてしまわない工夫をする

宣伝メルマガは1回の発行につき、複数のHP、ブログを紹介しているメルマガが多いので、他のサイトに埋もれない工夫が必要です。

メルマガは基本的にテキストだけで表現するものですから、**■□■、！？などの記号や刺激的な内容、役に立つ内容をタイトルや紹介文に入れて、少しでも目立つ努力をしましょう。**

懸賞を実施するなどの複合技も有効です。

④有料の宣伝メルマガを活用する

有料の宣伝メルマガというのはオプトインメールとかペイドメールなどと呼ばれるものですが、資金に余裕があるならこうしたものを活用するのも有効です。

1回の掲載に数千円から数万円必要となりますが、**無料のものとは違いひとつのメルマガに1サイトしか紹介しない**ので、十分な紹介文を記入することができますし、もちろんアクセス数も比較になりません。

鉄則40

ランキングサイトに参加して上位表示を狙え！

▼▼▼ある程度完成したら早い段階でアクセスアップができる

アクセスランキングとはHP、ブログに来たお客さんがどこのリンクを経由して来たかを調べ、アクセス数の多い順にランク付けするツールのことです。

そのランキングシステムをメインのコンテンツとしているHP、ブログをランキングサイトといいます。

リンク集と違ってランキングサイトは自サイトのリンクの位置が変動しますから、より上位に表示されれば、アクセスアップもそれだけ期待できます。

また、ランキングサイトは一度登録してしまえば、その後基本的に時間や手間がかからないというメリットもあります。

ある程度完成したらさっそく取り組んでみましょう（巻末資料参照）。

アクセスランキングに参加してアクセスアップを図る

POINT

- 「WEB RANKING」なら、ジャンルごとに、今もっとも人気のあるサイトがわかる。
- デッドリンクがなく、人気度がわかるサーチエンジンとして利用できる。
- 商用サイト、非商用サイトにかかわらず参加登録できる。
  http://www.webranking.net/

▼ランキングサイトを上手に利用する

①できるだけ多くのランキングサイトに登録しよう

参加するランキングサイトは多ければ多いほどよいのですが、時間に限りがある場合はせめて**5～10程度は参加する**ようにしてください。

その際、よりアクセスを返してくれる優良ランキングサイトはどこかを見極める必要があります。これはアクセスアップに成功しているサイトと同じところに参加すればOKです。

②登録する際、ジャンルを選択する2つの基準

ランキングサイトに登録する際、あなたのHP、ブログをどのジャンルのランキングに参加するか決めなければならないところが多いです。

通常、自サイトの内容と合致するジャンルに登録するのですが、そこに登録されているライバルサイトが多すぎる場合、上位に表示されない可能性があります。

他のサイトがあまり登録してないジャンルを選択して、上位にランキングされ

たほうが、結果としてアクセス数が多くなる傾向があります。

③情報と見せかけてランキングを設置する

ランキングサイトに誘導するために、**「この情報に関してはこちらでさらに詳しいことが書かれたサイトがあります」**という一文を書いて、ランキングサイトへのリンクを貼るとよいでしょう。

ただしこれは完全な嘘だと印象が悪くなってしまうので、その情報に見合ったランキングに誘導する必要があります。

④他のWEBマスターに協力してもらう

他サイトを訪問して、そのサイトのランキングバナーをクリックし、そのことを掲示板などで報告しておくと、その管理人もお返しにランキングバナーをクリックしてくれる傾向があります。

他サイトとの交流が深まれば情報交換もできますし、その掲示板に自サイトのリンクが貼れるならこれもSEO対策になります。

鉄則41

アクセスランキングを自サイトにも設置しよう

▼▼▼競争を促して自サイトへのリンクを有利に貼ってもらおう

前項ではよそのランキングサイトに参加するということについて解説しましたが、自分のHP、ブログで開催してしまうのも、アクセスアップの有効な手法です。

これは表向きにはたくさんアクセスのあるリンク元を表彰することによって、お世話になっているサイトに対してお礼をするというものです。

その実、ランキングを開催して上位表示の競争を促すことにより、自サイトへのリンクを有利にしてもらおうという狙いがあります。

アクセスランキングを設置するには、自分の手書きで作るもの、無料レンタルツール、CGIなどの方法があります。

手書きだと上位に表示したいサイトを自分で決められるなどの融通がききますが、定期的に更新しなければならないので手間がかかります。

無料レンタルツールの場合は上位に広告のバナーやリンクが強制的に表示されたり、デザイン的に融通がききませんが、初心者向けといえるでしょう。

CGIは種類も豊富でデザインは融通もききますから、技術的に問題なければこれを使うのがよいでしょう。

▼効果的なテクニックを使ってアクセスランキングを設置する

①参加してくれたサイトにより多くのアクセス数を還元できる位置に設置する

よそのサイトへお客さんを流すことに、抵抗を感じる人は少なくないかもしれません。しかし、**持ちつ持たれつでやっていくという精神は、長い目で見ると必ずむくわれます。**上位にランクインしてくれたサイトには多くのアクセス数を還元するよう努力しましょう。アクセスランキングはなるべくトップページの見やすい位置や、注目されやすい位置に設置すれば、効果的にアクセスを還元できます。

「ちゃっかり収入情報局」に設置したアクセスランキング

上位にランクされたサイトは違う色をつけることで差別化

BEST20

Rank	Before	Site	Access
1	△(圏外)	お気楽ミセスのお得・節約・収入マガジン	20
2	△(6)	お小遣いサイトランキング	11
3	△(5)	お家でネット収入	9
4	△(圏外)	ちょー無料！	8
5	△(10)	1万円以上稼ぐランキング	7
5	△(圏外)	無料・収入「超」ハッピー宣言！	7
5	▽(2)	「0円」からのすたーと！【ぜろすた】	7
8	▽(3)	安全確実お小遣い稼ぎ	6
9	△(11)	無料でネット！小遣い稼ぎ	5
9	△(15)	ネットで月5万円を稼ぐ方法	5
9	△(11)	ネット副収入で内職無職生活	5
9	△(圏外)	ネットでバイト！お金儲け！	5
9	▽(8)	おこづかいサイト案内所	5
9	△(14)	ホットライフプラス	5
15	▽(13)	無料やお得で稼ぎなサイト	4
15	▽(9)	目指せ小金持ち	4
15	△(圏外)	在宅ワーク.com	4
18	△(圏外)	儲かる技	3
18	△(19)	情報いれぶん	3
18	△(圏外)	内職！MONEYQUEST	3
18	△(圏外)	ネットでタダで稼ぐ方法	3
18	△(圏外)	インターネット接続高速化計画	3
18	△(圏外)	おかねかせぎのチエぶくろ	3
		その他、ブックマーク等	392
計		137サイトよりアクセス	655

当サイトに貼ってあるリンクのアクセスを集計

POINT

- 私の「ちゃっかり収入情報局」でもアクセスランキングを実施している。当サイトにリンクを貼ってくれたサイトのアクセスをすべて集計して、ランキング形式で表彰し、逆にアクセスを返している。
- こうした相互扶助が、お互いのアフィリエイトを増加させることになる。

②ランキング表彰は個人のサイトに対してのみ行なうべき

アクセスランキングはあくまで持ちつ持たれつの精神こそが重要です。しかしGoogleなどのサーチエンジンをランクインさせても、あまりお返しは期待できません。あくまでも個人の努力に対して表彰しましょう。

③ランキングを活発にするように工夫しよう

設置したランキングで競争が激化すれば、自サイトへのアクセス数も多くなります。そこで上位ランクサイトには特別に紹介文をつけたり、とくに**大きな文字で紹介したり、違う色をつけたりして目立たせる**などの差別化を図るのもよいでしょう。

④ランキングの参加方法はランキングのすぐそばの目立つ位置に

ランキング内の競争を活発にするためには、新規に参加してくれるサイトを増やす必要があります。**ランキングの近くや、目立つ位置に参加方法を明記しましょう。**参加したいのにどうやったらいいかわからないというのでは問題外です。

鉄則42

効果的な相互リンクでお互いのお客さんを交換しよう

▼▼▼直接的なアクセス数に加え、SEO対策にもなる

相互リンクとは、文字通りあなたのサイトとよそのサイトをリンクし合うことをいいます。

直接的にはそのリンクを経由してお客さんが行き来するので、アクセスアップさせることができます。間接的にはSEO対策にもなるので、実質アクセス以上に効果があるといえるでしょう。

WEBマスター同士の交流のきっかけにもなるので、貴重な情報を得ることも少なくありません。ただし相手がいることですし、とくにネットのつきあいの場合はお互いの**顔が見えないだけに礼をつくした対応**が望まれます。

なお、当サイトでも相互リンクを歓迎しています。お気軽にお問い合わせください。

▼相互リンクをするときは、相手のメリットも考えて

①ある程度完成してから申し込もう

相互リンクはお互いのお客さんを交換する行為ともいえるので、相互リンクすることが相手にとってメリットと感じるようなサイト作りをすることが重要です。

そのためには**コンテンツを充実させ、デザインにも気を使うべきでしょう。**

同時にサイト名やサーバーの変更により、リンク先にもそのつど変更してもらうことはぜひ避けなければならないことです。

そういう意味でもある程度完成してから申し込みましょう。

②最大限に礼をつくした申し込みをする

ネットは相手の顔が見えないわけですから文言には十分気をつけるべきです。ましてやこちらから相互リンクをお願いするときはとくに注意を払うべきです。

また**申し込むときには必ず自らリンクを貼る**ということはもっとも大事なマナーといえます。

十分な礼をつくした申し込みをすればほとんど断られることはありません。

③自ら積極的に申し込む

相互リンクは待っていても、なかなか増えません。自ら積極的に申し込んでいきましょう。どんな大手サイトでも相互リンクを申し込まれていやな気はしません。

④あらゆる面で自サイトとつり合いの取れるサイトを選択しよう

先ほど礼をつくせば、どんなサイトでも相互リンクを受け付けてくれるといいましたが、せっかくリンクしたのに断られてしまうということもないわけではありません。

成功率を上げるためにも、アクセス数、デザイン、コンテンツが同じくらいの力量であり、ジャンルもなるべく同じところを選ぶとよいでしょう。

⑤複数のサイトがある場合は一度に相互リンクしてもらえるページを作ろう

相互リンク先を探している人は多くのサイトと相互リンクしたいと思っています。もしあなたが複数のサイトを管理、運営している場合、それをアピールしましょう。

相互リンクの文面

○○管理人様

はじめまして。

私は「ちゃっかり収入情報局」というホームページを管理・運営するまー@ちゃっかりという者です。

このたびは貴サイトと相互リンクをお願いしたいと思いメールしました。

貴サイトにくらべるとまだまだ未熟ではありますが、更新は毎日かかさず行なっております。

当サイトと相互リンクしていただいたあかつきにはなるべくアクセスのお返しができるよう、努力しますので、なにとぞ、よろしくご検討くださいますようお願いします。

よい返事を心よりお待ちしています。

ちゃっかり収入情報局
管理人：まー@ちゃっかり
URL：http://www.ne.jp/asahi/chakkari/jouhou/
メールアドレス：as@k-hp.net

POINT

1. ○○の部分に相手のサイト名を入れる。管理人には相手の名前より管理人様のほうがよい。
2. 挨拶の後はすぐに用件を切り出す。
3. 日本人にはよくありがちだが、「アクセス数が少ない」とか「デザインがつたない」などの具体的な謙遜を絶対しない。メールのやりとりでは顔が見えないので、本当に相手にそう思われてしまう。
4. 曖昧な謙遜で礼をつくした後、相互リンクすることで相手が受けるメリットをそれとなく伝える。
5. 最後に自サイトの情報を必ず入れる。
6. 基本的に相互リンクを嫌がるWEBマスターは少数。上記の注意事項を守ったうえで、積極的に申し込もう。

鉄則43

有料のアクセスアップなら大きな効果が望める

収入>費用ならチャンス！　積極的に取り組もう

どんなことをするにしてもお金はなるべくかからないほうがいいですよね。無料ですませられればなお一層よいでしょう。しかし、1000円払って5000円もらえるとしたら、あなたは喜んでそのお金を払うのではないでしょうか？　**アクセスアップに関していうと、無料でできることには限界があります。**逆に、有料のアクセスアップには、支払った金額の何倍も稼ぐことができるものがあります。

現在、**高額の儲けを得ているアフィリエイターは、かなりの確率でこの有料アクセスアップに取り組んでいます。**無料のアクセスアップをひととおりやりつくしてしまったら、有料のアクセスアップを積極的に取り入れてみましょう。

有料アクセスアップを積極的に取り入れる

POINT

- 「こんな当たり前の式なら、見なくてもわかるよ!」という声が聞こえてきそうだが、それくらい、アフィリエイトでお金をかけることに拒否反応を示す人が多い。無料でできることをひととおりやって、「もうやることがない」と感じたなら、そのときこそ有料アクセスアップに取り組むときといえるだろう。

①費用対効果を把握する

有料のアクセスアップをする前に、自分のHP、ブログへの1アクセスにつき平均してどれくらいの売り上げが見込めるか、把握しておく必要があります。

1アクセスにつき発生する売り上げ単価＝全売り上げ÷全アクセス数
有料アクセスアップにおける1アクセスにかかる費用＝費用÷見込みアクセス数

右式の数値が左式の数値を上回っていれば、その有料アクセスアップは有効といえます。これらの数値は大体のものでかまいません。

②無料の対策をひととおりやってからのほうがよりいっそう効果的

有料のアクセスアップをした際、たくさんのアクセス数が見込めるとするなら、アクセスランキング、バナーエクスチェンジなどの無料対策をひととおりやってから、取り組めば相乗効果が見込めます。

どうせお金を出すなら、とことんまで効果を発揮するようにしましょう。

③時間が節約できる場合は目に見えるアクセス数や収入だけで判断しない

自分でアクセスアップをする場合にかかる時間を念頭に置いておいたほうがよいということです。

更新や新たな作成など、HP、ブログを運営していくうえでやることは山ほどあります。時間はいくらあっても足りません。

たとえば、10時間かかる作業をしたとします。あなたの時給が800円とすると、合計で8千円という計算になります。その時間をアフィリエイト活動にまわすことができれば、実際には1万円払っても得するということになるかもしれません。

無料だからよいのではなく、効率よく運営していくことこそが大切なのです。有料であっても頼れるところは頼ったほうが効率的です。

無料にこだわりすぎて膨大な時間をかけるよりも、有料のアクセスアップに任せてしまったほうが、結果的には安いということを理解してください。

鉄則44

ディレクトリ型サーチエンジンはお金を払ってでも登録する価値あり

▼▼▼直接のアクセスアップはもちろん、もっとも有効なSEO対策である

ディレクトリ型サーチエンジンとは、人の手によって、審査、登録され、分野別に分類されたサーチエンジンのことです。ロボットがインターネット上を巡回して、データを収集するロボット型とは対極をなします。

もっとも有名なディレクトリ型サーチエンジンはYAHOOです。同サーチエンジンを利用している人は3600万人以上といわれており、日本のネット人口7800万人の内、およそ半分を占めています。

YAHOOに登録される最大のメリットは、半永久的にアクセスアップが期待できるということです。利用者が多いだけに訪問してくるお客さんが多いのは当然かもしれません。

Yahoo! JAPAN ビジネスエクスプレスを活用する

商用サイトのチェック・登録の受付はビジネスエクスプレスからのみ

潜在的な顧客に向けたプロモーションに。SEO対策に有効

登録可否はYahoo! JAPANのスタッフに委ねられる

POINT

- 「Yahoo! JAPAN ビジネスエクスプレス」は、企業サイト、営利サイトを目的としたYahoo! JAPAN カテゴリへの登録審査サービスである。
  http://event.yahoo.co.jp/docs/event/bizexp/

また、こうした大手ディレクトリ型サーチエンジンはロボット型サーチエンジンの評価も高く、登録されることによってさらにページランクを上げることができます。

弱小のディレクトリ型サーチエンジンやリンク集などに数百個登録するよりも、ＹＡＨＯＯにカテゴリ登録してもらったほうがはるかに効果的です。もっとも効果の高いＳＥＯ対策といえるでしょう。

ところがこれを無料で登録してもらおうと思うと「ＹＡＨＯＯの審査に合格するのは、東大に合格するよりも難しい」と揶揄されるほど難関です。

一方、ＹＡＨＯＯビジネスエクスプレスに登録の審査料として５２５００円払うことで、審査期間を短縮（入金確認後７営業日）させるサービスを利用すると、合格率が90％を超えてしまいます。

結局、ＹＡＨＯＯに登録されるにはそのサイト自体の優劣よりも、お金を払ったかどうかということになるのかもしれません。

しかし、強力なメリットを考慮すると、大手ディレクトリ型サーチエンジンには、お金を払って登録してもらっても十分もとが取れます。

dmozに登録されればページランクを上げるのに大いに役立つ

dmoz

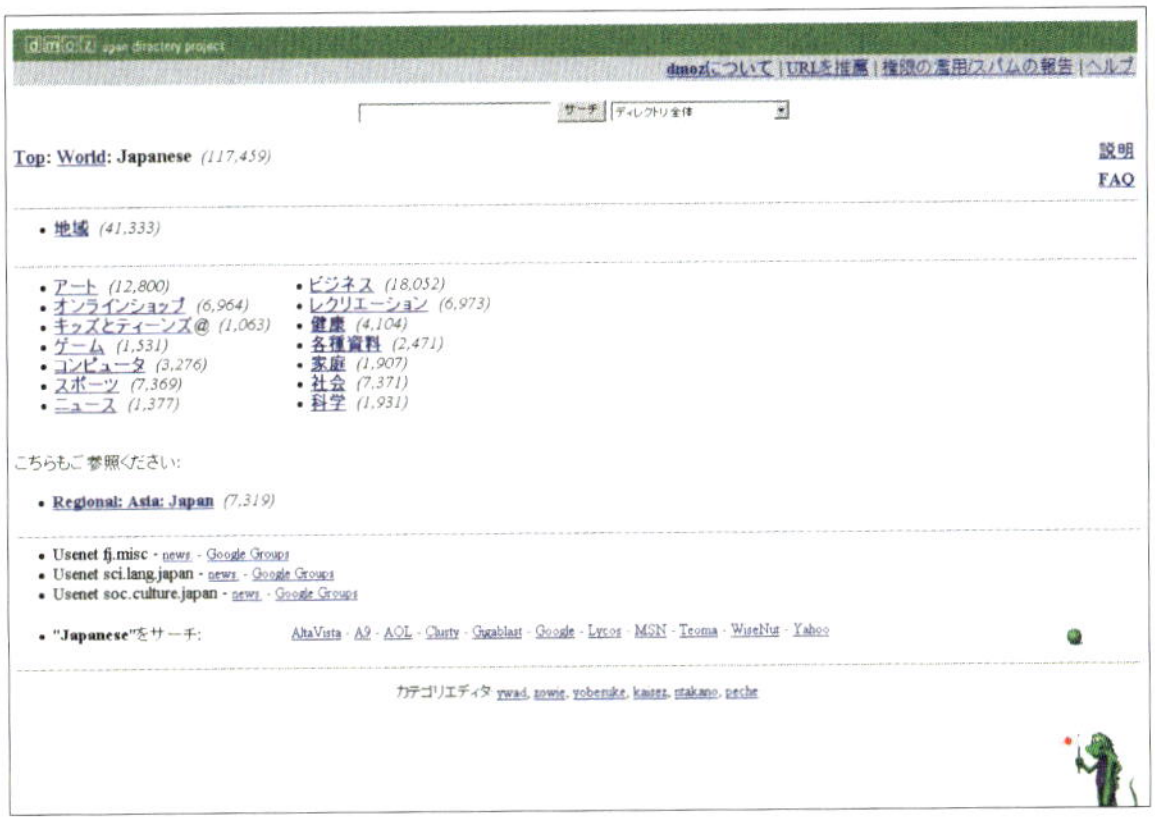

POINT

- dmozのような大手ディレクトリ型サーチエンジンに登録されれば、ページランクの面で非常に有利になる。

http://www.dmoz.org/World/Japanese/

鉄則45

サーチエンジン一括登録ソフトで時間を節約しよう

いますぐリンクも簡単リンクも一括登録できる!

サーチエンジンやリンク集でHP、ブログを紹介してもらうということは、アクセスアップの基本といえるでしょう。そこから直接お客さんが来るということはもちろん、外部からリンクしてもらうことでSEO対策にもなります。

しかし、サーチエンジンも大小合わせると膨大な数ですから、一つひとつ探して、登録していくのは大変な作業です。

こうした多くのサーチエンジン、リンク集に対して一括で登録できる、**サーチエンジン一括登録サイトを利用すれば膨大な時間と手間を節約することができます。**

無料で利用できるところでも、主だったサーチエンジンをはじめ、個人で運営している小さいところを含めて、10~20程度登録できるので大変便利です。

お金を払う余裕があるなら、有料のサーチエンジン一括登録ソフトを利用するとよいでしょう。

Ｇｏｏｇｌｅなどの大手サーチエンジンはもちろん、アクセスアップを志す人なら誰もが一度はチャレンジすると思われる、かんたん相互リンク、いますぐリンクなどの自動登録型リンク集にも対応しているので、簡単な操作で数千ものサーチエンジン、リンク集に登録してくれます。

また、こうしたソフトをひとつもっていれば、自分が管理しているすべてのＨＰ、ブログに使えますし、サーチエンジンやリンク集を探しては、一つひとつ登録する苦労を思えば割安感も抜群です。値段も３０００円～３万円程度と手ごろな価格帯なので、十分もとが取れるはずです。

サーチエンジンで「リンク集」「一括登録」「ソフト」などと入力すれば、いくつか見つかるはずです。

ただし、Ｇｏｏｇｌｅなどはあまりにも被リンク数の多いサイトのページランクを下げているという噂もあります。やりすぎはだめということなのでしょうか？　ＳＥＯの難しさを感じるところでもあります。

鉄則46

懸賞を実施することでアクセスアップが期待できる

▼▼▼すぐにでもアクセスアップさせたい人の最終兵器を教えます！

ネット懸賞とはインターネットで実施されている懸賞のことで、パソコンでおこづかいを稼ぐ方法として人気です。しかし**アフィリエイターにとってネット懸賞は応募する側でなく、景品を出す側になったほうが儲かります。**

私の場合は大抵**5000円分の商品券（1000円分×5名）を景品にして、2カ月間くらいの期間で実施**しています。一日に数百以上、ときとして1000以上のアクセス数を増やすことができます。

懸賞期間が終わるとアクセス数も落ちますが、それでもある程度はリピーターになってくれるので、始める前よりはずいぶん常連客を増やすことができます。

「ちゃっかり収入情報局」はおこづかいサイトの中でもっとも早い時期から懸賞を実施

し、そのことを複数の大手懸賞サイトで紹介してもらったことが、成功する決め手となりました。

現在は大手の懸賞サイトでおこづかい系サイトの紹介をしてくれないところが多くなっていますが、その他のジャンルのHP、ブログだったら十分に有効です。

▼懸賞を利用してアクセス数を稼ぐ

①景品は一般的に喜ばれるものを選択すること

たとえばネット通販サイトの場合、自分のところで売っている商品などを景品にしたいと思う気持ちは理解できますが、誰がこんなものをほしがるのだろうかというものを景品にしているところがあります。

応募する側もいらないものには見向きもしないでしょう。たとえば図書券や全国お買い物商品券などのように、**誰もがほしがるものを景品にする**のがコツです。

②なるべく多くの懸賞サイトに紹介してもらう

ただ懸賞を実施しただけではアクセスアップにはなりません。必ず、**懸賞サイトに**

登録をして、懸賞を実施していることをアピールしましょう。

この作業をしないと、ほとんど効果を得られず、景品を散在するだけになってしまいますので、何のために実施したかわかりません。大手、弱小問わず、なるべくたくさんの懸賞サイトに紹介してもらうことが肝心です。

「今アッタール」（http://www.ataru.jp/）や**「Chance It」**（http://www.chance.com/）、などは最大手の懸賞サイトとして有名であり、これらに紹介されたなら、爆発的なアクセスアップは間違いありません。

③ お客さんを引きとめる工夫をする

ネット懸賞をしている人は、短時間でより多くの懸賞に応募することが命題となっています。

したがってせっかくお金をかけて懸賞を実施したというのに、リピーターになってもらうどころか、何のサイトに応募したのかさえ覚えてもらえないということもありえます。

たとえば激安情報（広告可）や当選しやすいクローズド懸賞実施のお知らせなど、**お**

客さんにとって有利な情報やキャッチフレーズをわかりやすいところに書いておくなど、少しでもお客さんを引きとめ、お気に入りに追加してもらう工夫が必要です。

④ メルマガを購読するかどうかを尋ねる

ネット懸賞をしている人たちの間では懸賞に応募する際、メルマガを購読することが当選のコツとして知られています。というのもメルマガに登録しないと、当選対象から外れてしまうのではないかという心理が働くからです。

必ずメルマガの購読をするかどうか、確認する項目を設置しておきましょう。 意外なほどたくさん登録してくれます。

鉄則47

個人が運営する大手サイトにはお金を払ってリンクしてもらおう

▼▼▼低価格でも費用対効果は期待できる

ある程度アクセス数のあるHP、ブログができると、お金を払うからリンクしてくれないかというオファーが来ます。皆さんにも心あたりがあるのではないでしょうか？

しかし、自らお金を払ってリンクしてもらうという手法を実践しているWEBマスターはあまりいません。一方で、そうしたことを受け入れると宣言しているサイトもほとんどありませんが、**ダメ元でお願いしてみると、意外なほど簡単に引き受けてもらえます。**

交渉にもよりますが大抵はGoogleアドワーズなどの広告相場より安く受け入れてくれるので、効率のよいアクセスアップの手法といえます。

▼お金を払ってリンクをしてもらうときは……

①掲載してもらうサイトは必ず同ジャンルのところにお願いする

自分のHP、ブログのリンクをお願いする場合には、**相手は必ず同ジャンルのサイトを選択しましょう。**

いくらアクセス数が多いからといって、違うジャンルのサイトに申し込んでも、そこに来ているお客さんが興味をもってくれる確率が低いからです。

②お願いするときは必ずリンクしてほしい場所と金額を具体的に提示する

私のサイトに掲載を依頼してくるメールには金額や掲載してほしい場所を提示していないものが多いです。別にリンクすること自体問題ないのですが、こちらから金額を提示するのもぶしつけだったりします。結局そういうメールは全部無視することにしています。

稀に、**リンクする位置と金額を具体的に提示**して、依頼してくるところもあります。そうした場合だけが、検討に値すると考えるのは私だけではないはずです。

鉄則48

テレビ、新聞、雑誌に紹介されれば莫大な収入アップも可能に！

▼▼▼見た目のアクセス数だけでなく、信用度も大幅にアップする！

長くHP、ブログを作っていると、テレビ、新聞、雑誌などネット以外の媒体で紹介していただけることがあります。

こうしたネット以外の媒体にはたくさんの視聴者や読者がいるので、取り上げられたときは大幅にアクセス数も上がります。

また、その番組や雑誌などからお墨付きを得たようなものですから、**情報に対する信用度も抜群にアップします。**

他の媒体に取り上げられるということはアクセスアップの有効な手段であることは間違いありません。積極的にアピールしましょう。

▼他の媒体に紹介してもらうためには、実績が必要となる

①突出した売りものを用意しておく

星の数ほどＨＰ、ブログがある中で、自分のところを紹介してもらうためには、**誰にでもわかるような内容や実績が必要**です。

番組や雑誌を作る側も、常に視聴者や読者の目を引くようなソースを求めているわけですから当然といえば当然でしょう。

たとえば、デイトレードのＨＰ、ブログの場合、「証券会社勤務歴20年」といった経歴でもいいですし、節約サイトだったら「節約情報１０００個紹介」など情報の豊富さを売りにしてもよいかもしれません。

私の場合は「アフィリエイト収入だけで３０００万円以上稼いだ」という実績（２００６年10月現在）が取り上げられました。

ひとつでもいいので、面白みのあるもの、目新しいものを用意してください。

②メルマガやブログは取り上げられやすい

メルマガを発行するとネット以外の媒体に取り上げられやすいし、それをまとめた本も出版されやすいです。

HPという読める形になっているものをわざわざ本にしても意味がないので、敬遠されてしまう可能性があります。その点、メルマガなら、バックナンバーを表示していたとしても、読みやすさという点で同じとはいえないという判断があるのかもしれません。

一方、ブログは今流行しているので、どの媒体でももてはやされています。取り上げてもらえる可能性は高いです。

③取材ウェルカムの姿勢をわかりやすく示す

HP、ブログの場合、取材を拒否する人はけっこういます。締め切りに追われているマスコミの方たちにとって、取材の申し込みをして拒否されるとか、いつまでたっても返事がないということは避けたいはずです。

そういう意味でも**「取材のお申し込みは大歓迎」といったことを表示して、取材ウェルカムの姿勢を示すことはとても大事なことです。**

④依頼されたときは最優先事項として取り組もう！

自分のＨＰ、ブログを取り上げられる場合は、最優先事項として取り組むべきです。情報の詳細さや正確さに加え、早めに回答することは必須です。

私の場合はオファーをいただいた当日、**遅くとも翌日までに返事もコメントも出す**よう心がけています。

取材してくれたマスコミの方の覚えがよいと、他の雑誌や記事でも再度取り上げてもらえる可能性が高くなります。

この本もある雑誌で取り上げられた際、担当だった方のお力添えのおかげで、日の目を見ることができました。本を書くことは私の夢だっただけに大変ありがたいことです。

もしあなたにも依頼があったとき、誠実に対応したなら、次につながる可能性は十分にあります。

鉄則49 アクセスアップの小ネタも活用できる

▼▼▼誰もが気になるあのアクセスアップ。果たして効果はあるのだろうか？

①他サイトの宣伝掲示板への書き込み

サイトによってはHP宣伝掲示板というものが用意されています。

宣伝するための掲示板なので、自サイトについて好き勝手、何回でも宣伝することができます。

ただし、宣伝しか書かれていない掲示板なので、お客さんの数はほとんどないうえに、商用サイトがいろいろなことを書き込んでくるので、自分の書き込みなどあっと言う間に埋もれてしまうでしょう。

動的なページなので、リンクを貼っても**SEO対策としての効果は低いのですが、お手軽に外部リンクを増やすことができる**というのはよいかもしれません。

②SNSに宣伝する

「SNS」とはソーシャル・ネットワーキング・サービスの略称で、一種のブログなのですが、すでに会員になっている人から招待を受けないと、サービスを受けられないという「閉鎖性」があります。それゆえに**発信された情報は、HP、ブログと比較して、信頼される可能性が比較的高い**という傾向があります。また趣味や傾向の似た者同士がコミュニティを形成するので、ニーズのある人たちを特定して情報を発信することができます。自サイトへのリンクを貼れば有効な宣伝となるでしょう。

③「YAHOO!掲示板」(http://messages.yahoo.co.jp/index.html)への書き込み

YAHOOの掲示板は、ID登録をした人だけが書き込める形式なので、2ちゃんねるよりは若干安全といえるかもしれません。

ただし2ちゃんねるにしてもYAHOOの掲示板にしても大手サイトの掲示板に書き込むときは、それが**マナー違反かどうか、他の人の書き込み状況などを確認**しておいたほうがよいです。

④オークションからリンクを貼る

オークションに商品を出品して、商品説明のページに自サイトのリンクを貼っておけば、買うつもりがなくても説明をのぞきにくる人はたくさんいます。

オークションでの宣伝の利点は、比較的人の目に留まることが容易なことと、サイトへのリンクにそれほど抵抗感を抱かれないこと、出品物を上手に選べば客層をコントロールすることができます。

オークション本来の活用と、HP、ブログサイトの宣伝、両方を活用すれば一石二鳥の収益が期待できます。

⑤スパムメール

スパムメールとは意思に反して送られてくるメールのことで、この場合は自サイトの宣伝メールのことをいいます。

下手な鉄砲も数打ちゃ当たるのでしょうか、現在でもものすごい数のスパムメールが横行しています。

また、ASP各社ではスパムメールに対する取締りが厳しく、発覚しだい即ID抹消という非常に厳しい措置をとっているところも多いです。

スパムメールは**社会問題にまで発展していますので、絶対にやめましょう。**

⑥知り合いや漫画喫茶のパソコンのお気に入りにこっそり追加する

誰もが一度くらいやっているかもしれませんね。

果たしてこうした草の根運動にどれくらいの効果があるかはわかりませんが、努力するという気持ちは大事にしたいものです。

ただし**リアルなつきあいのある人に自分のＨＰ、ブログを教えることはあまり得策でない**ということだけ付け加えておきます。

鉄則50

常に時代の先を読め

▼▼▼成功者は次々にやってくる

インターネットの普及にともない、時代はものすごい勢いで進化しています。

俗に「10年ひと昔」などと言いますが、ブログが人気になったのはここ2～3年ですし、RSSはここ1年です（いずれも2006年現在）。

最近ではHPにもコメントやトラックバックに似たことを可能にするソフトができ、RSSにも情報を送信できて、すっかりブログ化していくようです。携帯電話でPC版HPが見られるようになったら、携帯サイトの存在意義はどうなるのでしょうか？

今後、私が個人的に期待しているのは動画や音声などを活用したサイトです。需要の割りに取り組んでいるサイトが不足しているので、これからもしばらくの間、稼げることとは間違いありません。

これから1年後には、今から想像もつかないツールが出るかもしれません。「10年ひと昔」なんて、それこそ10年前のセリフです。

たとえば芸術のように、あるいはおいしい料理のように、デジタルがまったく入り込む余地のない、アナログの極地でない限り、こうした技術の進歩についていかなければ、相対的に見て時代遅れになってしまいます。

時代の変化についていくのは大変ではありますが、見方を変えればチャンスがぞくぞくやってくるとも考えられるのではないでしょうか？

そのために**情報はいち早く、幅広く、奥深く仕入れる必要**があります。

成功の波はこれからもどんどんやってくるでしょう。

今成功していないことを嘆く必要はありません。「もっと前にやっておけばよかった」と悔やむ必要もありません。

将来「あのときやっておいてよかった」と思えるよう、今から努力すればよいのです。

※追記…「アフィリエイトで稼ぐ50の鉄則 ADVANCED (http://www.as50.net/)」というHPを開設し、随時最新のアフィリエイト情報を補足、読者のみな様をサポートしていく予定です。本書とあわせてご活用ください。

あとがき

この本が出版されるころ、私は妻と二人でカナダにいるはずです。

冬はマイナス50℃まで気温が下がるカナダも、サマーシーズンは美しく、豊かな自然に恵まれ、世界でもっとも住みやすい国といわれています。そこでしばらく語学を学び、アメリカを横断した後、マレーシアを拠点にアジアを歴訪するというのが、私の計画です。

もっとも予定は未定なので、ホームシックにかかったら、1週間もせず日本に帰ってくるかもしれません。それもまた自由です。インターネットさえつながれば、世界中どこでも仕事ができるというのがアフィリエイトの強みなのです。

誰からも強制されることのない自由な時間と、ささやかながら経済的成功を手にした私たちは、ある意味アフィリエイトの理想的なモデルといえるかもしれません。しかも振り返ってみると、それらを手にするために支払った代価は「努力の継続」だけだったように思われます。

本書は随所に難解な表現が含まれ、読んでいても決して面白い内容とはいえません。しかし辛抱強く本書を読み終え、今、この「あとがき」に目を通している皆さんはアフィリエイトで成功するために必要な努力する力というものを手にしているはずです。その意味で皆さんは成功するための最低条件をクリアしているといえるでしょう。明日の成功は案外近いところにあるのかもしれません。皆さんの健闘を祈ります。

２００６年　10月

「ちゃっかり収入情報局（http://www.ne.jp/asahi/chakkari/jouhou/）」

管理人　丸岡正人

アクセスアップ、収益アップに役立つ便利ツール

ASP

A8ネット

http://www.a8.net/

質量ともにもっとも優れています。使いやすさなど総合的に考えると、No.1のASPはここだと思います。

バリューコマース

http://www.valuecommerce.ne.jp/

とくに広告数において圧倒している老舗ASPです。CSVファイルが用意されています。

LinkShare

http://www.linkshare.ne.jp/

apple、ユニクロ、GEOなどおなじみの大手サイトの広告があります。CSVファイルが用意されています。

JANET

http://j-a-net.jp/

ASP側の取り分を少なくして、私たちに有利な報酬金額を設定しています。

amazon.co.jp

http://www.amazon.co.jp/

世界一の本屋さんの広告。CD、DVDも充実。自動ツールを有効的に活用してください。

Traffic Gate

http://www.trafficgate.net/

HTMLテンプレートが用意されているので、初心者には取り組みやすいかもしれません。ＣＳＶファイルが用意されています。

アクセストレード

http://www.accesstrade.net/

オーソドックスなASPです。

電脳卸

http://www.d-064.com/

ショッピングモールのASPです。継続収入が魅力的。安定した収入が見込めます。ＣＳＶファイルが用意されています。

Google AdSense

https://www.google.com/adsense/

サーチエンジンで有名なGoogleのアフィリエイトです。ページにあったキーワードが配信され、それを誰かがクリックすると報酬になります。

楽天アフィリエイト

http://affiliate.rakuten.co.jp/

楽天市場のアフィリエイトです。ユニークで豊富な商品が揃っています。

バナーブリッジ

http://www.bannerbridge.net/

オーソドックスなASPですが、紹介制度が2段階までに及ぶのはとてもうれしいです。

リーフィ

http://www.leaffi.jp/

まだ新しいASPです。紹介制度が非常に有利です。

CROSS-A

http://www.cross-a.net/

懸賞サイトとして有名なチャンスイットが運営しています。振込み手数料を負担してくれるのはうれしい限りです。

▶ ビッターズ

http://www.bidders.co.jp/

オークションサイトとして有名なビッターズのアフィリエイトです。70万点もの商品を取り扱っています。

▶ セブンアンドワイ

http://www.7andy.jp/

コンビニで有名なセブンイレブンのアフィリエイトです。まだ始まったばかりです（2006年現在）。

▶ 1億人．com

http://mg.1okunin.com/

3段階の紹介制度が非常に魅力的です。いかに紹介できるかということが鍵となるでしょう。

▶ ネットアライアンス

http://netalliance.jp/

まだできたばかりのASPです（2006年現在）。これからに期待。

▶ マセル・ネット

http://www.masell.net/

「シュミレーター」というバナーがユニークです。普通のバナーに慣れた人は相手にもしてくれませんが、この目新しさに引かれて登録してしまう可能性があります。

ブログ

▶ Seesaaブログ

http://blog.seesaa.jp/

アフィリエイトはもちろんOK。独自ドメインが使え、ひとつのIDで複数のブログの管理ができます。筆者も使っています。

▶ livedoor Blog

http://blog.livedoor.com/

話題のライブドアが運営しています。サービスはなかなかよいです。筆者も使っています。

楽天BLOG

http://plaza.rakuten.co.jp/

あの有名な楽天のブログサーバーです。新着ブログを発行した際、よそよりもアクセス数が多いという印象があります。筆者も使っています。

JUGEM

http://jugem.jp/

アフィリエイトで稼ぐ際、足かせとなるものがもっとも少ないブログとされています。初心者講座も充実しています。

はてなダイアリー

http://d.hatena.ne.jp/

人力検索で有名なはてなが運営しています。新着ブログによるアクセス数増加がけっこう多いとのことです。

AmebaBlog

http://blog.ameba.jp/

ランキング上位には賞金が出るので、トラックバックが盛んに行なわれているようです。

ココログ

http://www.cocolog-nifty.com/

プロバイダで有名な@niftyが運営しています。ブログの女王、眞鍋かをりさんをはじめ、たくさんの有名人が利用しています。

FC2 BLOG

http://blog.fc2.com/

無料ホームページスペースとして有名なFC2が運営しています。容量が1ギガなので、重い画像などもおけます。

YAHOO！ブログ

http://blogs.yahoo.co.jp/

大手ポータルサイトYAHOO！のブログサーバーです。運営母体がしっかりしているので、安心して利用できます。

gooブログ

http://blog.goo.ne.jp/

ポータルサイトで有名なgooが運営しています。タレントもかなり利用しているようです。

無料ホームページスペース

Yahoo! ジオシティーズ

http://geocities.yahoo.co.jp/

サーチエンジンYAHOOの無料ホームページスペースです。URLは長いのですが、人気はあるようです。

isweb

http://isweb.www.infoseek.co.jp/

サーチエンジンInfoseek楽天の無料ホームページスペースです。

FC2WEB

http://www.sugoihp.com/

無料ホームページにつきものの広告がとても小さいというのが、非常によいです。

フリーティケットシアター

http://www.freett.com/

老舗の無料ホームページスペースです。ポップアップの巨大広告はかなり厳しいです。

サーバー

XREA（エクスリア）

http://www.xrea.com/

月々200円から借りれるという超激安サーバーです。中、上級者向き。CGI、SSIともにOKです。筆者も使っています。

80code.com

http://www.80code.com/

値段が超格安でセキュリティ対策がしっかりしています。CGI、SSIもOK。しかし初心者には少し扱いづらいかもしれません。筆者も使っています。

▶ ロリポップ

http://lolipop.jp/

値段が格安です。サブドメインも豊富に用意されています。筆者も使っています。

▶ BB-Server.net

http://www.bb-server.net/

有名なサーバーのひとつです。ツールもひととおり揃っています。

▶ CPI

http://www.cpi.ad.jp/

実力No.1サーバーをうたっています。たしかに用意されているツールは多いです。紹介アフィリエイトを実施しています。

ドメイン

▶ MuuMuu Domain

http://muumuu-domain.com/

日本ではもっとも安くドメインが取れます。代行表示してくれるので安心です。筆者も利用しています。

▶ VALUE DOMAIN.COM

http://www.value-domain.com/

対応ドメインが豊富で、値段も格安です。紹介制度も用意されています。筆者もたまに利用しています。

▶ お名前.com

http://www.onamae.com/

日本語ドメインが取れます。他と差をつけたいときはこれを使ってみるのもよいでしょう。

▶ BIGLOBE独自ドメインサービス

http://domain.biglobe.ne.jp/

プロバイダで有名なBIGLOBE！のドメイン取得サービスなので安心です。

メルマガ

まぐまぐ

http://www.mag2.com/

メルマガ発行部数、購読数とも非常に多いです。審査、規則は若干厳しいですが、ここに登録されたメルマガはすぐに購読部数が上がります。

melma!

http://melma.com/

もっとも大きなメルマガ発行スタンドのひとつです。過去メルマガをGoogleが拾ってくれるのでSEO対策としても効果があります。

めろんぱん

http://www.melonpan.net/

ひとつのIDで複数のメルマガを管理できるので助かります。

メルマガ天国

http://melten.com/

オーソドックスなメルマガ発行スタンドです。

BIGLOBEメルマガ カプライト

http://kapu.biglobe.ne.jp/

プロバイダで有名なBIGLOBEが主催するメルマガ発行スタンドです。もちろんBIGLOBE会員でなくても使えます。

E-Magazine

http://www.emaga.com/

意外と購読部数の上がる発行スタンドです。過去メルマガをGoogleが拾ってくれるのでSEO対策としても効果があります。

携帯用メルマガ

ミニまぐ

http://mini.mag2.com/pc/

メルマガ発行スタンド最大手まぐまぐが主催しています。購読者数も多いです。

メルモ

http://merumo.ne.jp/reader/main_nf.html

オーソドックスな携帯向けメルマガ発行スタンドです。

ばもーちゃ

http://www.gptwmda.com/

コンテンツの運営は無料掲示板などで有名な(株)ナスカが担当しているので安心できます。

ランキングサイト

人気WebRanking

http://ranking.with2.net/

古くから運営しているランキングサイトの老舗的存在。INと比較してOUTの数が比較的多いのが特徴。

人気サイトランキング

http://ninkirank.misty.ne.jp/

アクセス数の多いランキングサイトです。さまざまなカテゴリーがあるので、どんなサイトでも登録できます。

人気 Web Ranking

http://ranking.with2.net/

参加サイトからのアクセスを集計してランク付けをしています。リアルタイムで人気のあるサイトを見ることができます。

WEB RANKING

http://www.webranking.net/

人気サイトがわかるランキングの他、ショップサイトをもっている方のためのショップランキングも併設しています。

▶ らんきんぐ工房

http://ranking.realsnowboard.com/

ランキングは、過去10日間の逆リンク（訪問数）によって決定します。多数のランキングサイトに参加しています。

▶ ポケットランキング

http://www.a-pocket.com/

パソコン向けのホームページだけでなく、着メロや待ち受けやｉアプリなど、携帯電話版のアクセスランキングもわかります。

▶ ベストランキング

http://bestranking.misty.ne.jp/

ギャンブル・宝くじや女性のページ、ネットアイドルなど、趣味性の強いジャンルを中心に集めたランキングサイトです。

▶ 8days RANKING

http://ranking.8ne.jp/

1時間ごとに更新する最新のランキングが表示されます。ランキングは8日に1度リセットされ、すべてのサイトのカウントが0に戻ります。

▶ 人気クールサイトランキング

http://www.cool-rank.net/

ホームページのデザインからもわかるとおり、クールなサイトを集めた投票形式のランキングサイトです。

▶ Airランキング

http://airw.net/

株式投資の分野から、スポーツや芸能・アイドルなどの情報収集まで、有益なサイトのアクセスランキングがわかります。

▶ FiveStar Ranking

http://fivestar-club.com/ranking/

リニューアルしたばかりです。１位からの上位はもちろん、カウントが１つでもあれば掲載されます。

▶ ホームページランキングドットコム

http://www.hpranking.com/

全分野の前日分の投票合計数を集計した総合ベスト10や全分野と各分野の月間ベスト20も表示されます。

ブログランキング

▶ 人気Blog Ranking

http://blog.with2.net/

人気ブログランキング／サイト検索／記事検索が使えるブログ総合サイトです。常に最新の情報が検索できます。

▶ ブログ王

http://www.doramix.com/rank/

どのブログでも上位ランクが狙えるように、カウントは毎週リセットされます。新規登録のブログには、7日間「NEW!」のアイコンが表示されます。

▶ BS blog Ranking

http://blog.bookstudio.com/

Googleの定期クロール対象（巡回コース）になっているので、「Googleにインデックスされず、検索結果に表示されない」というブログ作者にもおすすめかもしれません。

▶ ブログランキングくつろぐ

http://kutsulog.net/

ランキングが表示されるだけでなく、各都道府県や海外に住むブロガーを探すこともできます。

▶ 鬼ブログランキング

http://www.oniblogrank.com/

ビジネス系のカテゴリーで「鬼のように人気のあるブログは誰なのか？」を競い合うランキングサイトです。

▶ 有名ブログランキング

http://www.1blogrank.com/

さまざまな特典のあるブログランキングサイトです。ランキング上位者には、賞金がプレゼントされることもあります。

▶ JRANKブログランキング

http://blog.rankingnet.com/

5万サイトも登録している“ホームページランキング”が新たにスタートしました。

▶ にほんブログ村

http://www.blogmura.com/

実験的に運営してきた1年間で14000の登録数を超え、2005年11月、正式に開設された大型ブログランキングサイトです。

▶ BITZ

http://bitz.tv/brank/

サイトには、かわいいイラストがいっぱいです。小学生・中学生やパパ・ママなど、ユニークなカテゴリーもたくさんあります。

▶ No1ブログランキング！

http://no1b.jp/

パソコンと携帯電話からのアクセスを別々に集計しています。カテゴリーは、3階層で全351個を用意しています。

▶ ブログリンク＆人気ランキング

http://www.genki.or.tv/

投票によって希望の多いカテゴリーを追加しています。新着ブログのコーナーは、300件が表示されます。

▶ ランキング☆ナビ

http://www.fieldsystem.ne.jp/rank/blog/

カテゴリー別のホームページ検索エンジンです。ポータルサイトから最新ブログまで、幅広くサポートしています。

▶ ブログランキング ドット ネット

http://blogranking.net/

Javascriptによるユニークユーザ数チェックを行なう、不正対策を第一に考えたランキングサイトです。

ディレクトリ型サーチエンジン

▶ Yahoo! JAPAN

http://www.yahoo.co.jp/

サーチエンジン、ポータルサイトとして有名です。ここのディレクトリに登録されるとアクセス数を伸ばすことができます。

▶ Google ディレクトリ

http://directory.google.com/intl/ja/

SEOといえば、Googleというのは本文でも解説しているとおりですが、ここのディレクトリに登録されることも重要です。

▶ Dmoz/World/Japanese

http://dmoz.org/World/Japanese/

Googleにデータを提供しているので、ここに登録されるということはもっとも有効なSEOの手段です。

▶ All About Japan

http://allabout.co.jp/

それぞれの分野の専門家がおすすめのサイトを紹介しています。

無料メール

▶ Yahoo! メール

http://mail.yahoo.co.jp/

サーチエンジンYAHOOの無料メールアドレスです。

▶ MSN Hotmail

http://login.passport.net/uilogin.srf?lc=1041&id=2

MSNの無料メールアドレスサービスです。一定期間ログインしないとIDが抹消されます。

▶ goo メール

http://mail.goo.ne.jp/goomail/

サーチエンジンgooの無料メールアドレスです。

その他の便利ツール

キーワードアドバイスツール

http://inventory.jp.overture.com/d/searchinventory/suggestion/

キーワードのGoogle月間検索数（予想）を知ることができます。サイト作成、アクセスアップのあらゆるところで利用できます。

無料登録ドットコム・キーワードアドバイスツールプラス

http://www.muryoutouroku.com/free/free06.html

GoogleとYAHOOの検索件数だけでなく、それぞれのKEIまでも表示してくれます。

検索キーワードチェックツール

http://www.seoseo.net/

キーワードポイントチェック、グーグルキャッチ、マッチングURLチェックなどSEOに有効なツールがそろっています。

Another HTML-lint gateway

http://htmllint.itc.keio.ac.jp/htmllint/htmllint.html

HTML文書の文法をチェックし、採点してくれます。美しいHTMLは見栄えがよいだけでなく、表示も速くなり、SEO対策にもなります。

RSSナビ

http://www.rssnavi.jp/

各種RSS情報が紹介されています。よくまとまっているので、RSSを使って新しい情報を探すのに役立ちます。

なんでもRSS！

http://blogwatcher.pi.titech.ac.jp/nandemorss/

入力されたURLからRSSフィールドを自動的に生成します。

eid.jp

http://eid.jp/

長いURLを短くすることができます。

Webページキャプチャ生成ツール

http://webscan.jp/

URLを指定するだけで、Webページのキャプチャ、サムネイルを簡単に作成することができます。

ＩＭＢ「ホームページ・ビルダー」

http://www-06.ibm.com/jp/software/internet/hpb/

ＨＰ作成ソフトでもっとも売れているソフトです。

Akky Ware House「Speeeeed」

http://akky.cjb.net/

複数のファイル内の文字列を一度に別の文字列に置き換えることができます。

SmartFTP

http://www.smartftp.com/

サーバー間のファイル移動までできる便利なソフトです。

Hiroki's Softwares「懸賞Helper2！」

http://hp.vector.co.jp/authors/VA015734/

登録した言葉をクリックひとつで貼り付け作業してくれます。

ピロ製作所「マウ筋」

http://www.piro.cc/

あらかじめ登録しておいた任意の命令を実行します。

IchiSoft Web site「AutoRunner」

http://ichisoft.nobody.jp/

繰り返し作業を自動でやってくれる便利なソフトです。

InfoMaker「Headline－Deskbar」

http://www.infomaker.jp/deskbar/

常にデスクトップでニュースを配信してくれます。

本書の著者が管理人を務めるHP・ブログの一部をご紹介

ちゃっかり収入情報局

http://www.ne.jp/asahi/chakkari/jouhou/

本編で何度か紹介している、私の2作目のホームページです。更新するくらいなら他の新しいHP、ブログを作るというのが私の方針ですので、2000年12月5日オープン当時のまま、ほとんどほったらかしです。しかし数年たった今でも毎日1000人程度のアクセスがあって、収入もずいぶん稼いでくれています。

お気楽ミセスのお得節約収入マガジン

http://www.okirakuda.net/

ちゃっかり収入情報局とほぼ同じ頃、奥さんがホームページ作成を勉強するために作った節約サイトです。当時は彼女もパソコンが苦手だったので、ずいぶん苦労したのを覚えています。

ネットで激安・格安・厳選ホテル情報

http://www.kakuyasu-hoteru.com

最近作ったホームページの一つです。デザインはプロが作ったテンプレートを数千円で購入しました。中身はASPが提供しているCSVファイルをダウンロードし、自作で作ったプログラムで全自動的に整理しアップしています。全部作るのに3時間くらいしかかかっていません。

アフィリエイトで稼ぐ50の鉄則ADVANCED

http://www.as50.net/

本書の情報の最新バージョンです。書籍というのは書き直しができない分、情報が古くなりがちです。それを補うために作られたブログです。本書で紹介されているサイトのリンクも貼られていますので、あわせてご活用ください。

最新アフィリエイトニュース情報局

http://asp-news.net/

アフィリエイト関連のニュースについて、ほぼ日替わりで更新されるブログです。主に新しくできたサービスなどを紹介する予定です。

ネットでいっぱい稼ぐための新着情報ブログ

http://net-syuunyuu.net/

主にバナー広告の新着情報を紹介するためのブログです。自サイトにどんな広告を貼ったらいいかと迷ったときに活用してください。

アフィリエイト長者　海外に行く！

http://chakkari-blog.net/

アフィリエイトの収入だけで海外を旅する筆者の日記です。技術的なことはあまり書いていませんが、アフィリエイトで成功したら時間や空間の制約がないということを実感していただければと思います。

儲けの鉄則50」の全体像

- 第1章 準備編
  - 心構え
    - 1. 素人だって必ず成功できる（▶全ての成功者の共通点）
    - 2. 儲けたいという気持ちの継続（▶それ以外のことはこだわらない）
  - 作成前のポイント
    - 3. 儲かる要素を理解しよう
      - 4. 儲かる広告の選択方法 — 5. 儲かる広告の具体例
      - 6. 売り上げ率を工夫しよう（▶客層、客質をコントロールする）
      - 7.アクセスアップの重要性（▶多くの挫折者がおちいる落とし穴）
    - 8. 儲かるテーマの選択 — 9. おこづかいサイト（▶成功すれば夢の印税生活）
    - 10. タイトルのつけ方（▶売れるサイトはタイトルが違う）
    - 11. 媒体の選択
      - 12. ブログ（▶初心者でも手軽に始められるお手軽ツール）
      - 13. メルマガ（▶独自の客層と主体的なメリットがある）
      - 14. 携帯サイト（▶クリック単価の高い広告が魅力的）
      - 15. ホームページ（▶融通性の高さは中上級者向け）
    - 16. ASPの選択方法（▶全てのASPを有効活用しよう）
    - 17. セキュリティ対策（▶ちょっとした工夫でアフィリエイターの命を死守）
- 第2章 作成編
  - 18. 作成時におけるアクセスアップの心構え（▶作成とアクセスアップは同時進行）
  - 19. サーバーの選択（▶有料のものを選ばないと後で後悔することになる）
  - 20. 独自ドメインのメリット（▶どこにでも引っ越しできる融通性が決定的な強み）
  - 21. デザイン
    - 22. トップページ作成のコツ（▶追求すべきことはあまりにも多い）
    - 23. サブページ（▶全てのページがサイトの看板）
      - 26. 購買意欲を促進するページ（▶ターゲットはネット初心者）
  - 24. バナー作成のコツ（▶軽さよりも目立つことが命）
  - 25. 儲かる広告の貼り方（▶バナーの貼り方ひとつで収入は桁違い）
  - 27. ユーザビリティ（▶一見の客が迷うようなら、どんなによい情報も無駄）
  - 28. リピーター確保のコツ（▶リピーターの積み重ねが収入の積み重ね）
  - 29. 新着情報の表示（▶フレッシュな情報がアクセスを増やす）
  - 30. 複数サイト作成のメリット（▶収入の窓口を増やし、リスクを分散しよう）
  - 31. 著作権を守る（▶コンテンツを盗まれることはお金を盗まれることと変わらない）
  - 32. 作成における便利なツール集（▶使えばわかる！　圧倒的な作業の効率化）

アフィリエイトでの成功

第3章 アクセスアップ編

- アクセスアップ
  - 33.アクセス解析活用法（データを収集し無駄な作業を省く）
  - 34.SEO
    - 35.キーワードマッチング（ターゲットとするキーワードを定めて客質をコントロール）
    - 36.リンクポピュラリティ（良質なリンクがサーチエンジン対策の決め手）
    - 37.SEOスパム（ペナルティとその対策を考えよう）
  - 38.バナーエクスチェンジ（貼っているだけでちょっとずつアクセスアップ効果がある）
  - 39.宣伝一括メルマガ（効果は持続しないが、短期的には劇的なアクセスアップ）
  - 40.ランキングサイトの参加（ランキングを制して、アクセスアップを図ろう）
  - 41.ランキングサイトの実施（もちつもたれつの精神が長期的な成功を収める）
  - 42.相互リンク（直接的なアクセスアップに加えて、SEO効果）
  - 43.有料アクセスアップ
    - 44.ディレクトリ型サーチエンジンの登録（もっとも有効なSEO）
    - 45.サーチエンジン一括登録（数千のリンク先を一瞬で作る）
    - 46.懸賞の実施（すぐにでもアクセスアップさせたい人の最終兵器）
    - 47.他サイトへの広告（低価格でも抜群の集客効果）
  - 48.テレビ、雑誌などへの露出（見た目のアクセス数だけでなく、信用度も大幅アップ）
  - 49.アクセスアップの小ネタ集（できることは何でもトライしてみよう）
- 50.常に時代の先取りをしよう（アフィリエイトは情報戦だ）

〔著者紹介〕

丸岡　正人（まるおか　まさと）

「ちゃっかり収入情報局」管理人として
3000万円以上を稼ぎ出す！

1969年生まれ。山口大学経済学部、同大学院卒業。

2000年10月よりホームページを作成しはじめ、同年12月に開設した「ちゃっかり収入情報局（http://www.ne.jp/asahi/chakkari/jouhou/）」が大ヒットとなる。

以来、ホームページ界のカリスマヒットメイカーとして活躍し、100サイト以上のホームページ、ブログ、携帯サイトを管理、運営している。

ネットだけで、毎月50万円以上、累計3700万円以上を稼ぎ出し、「アフィリエイトの神様」とまで呼ばれるほどになり、数多くのマスコミから取材を受ける。

2006年３月からアフィリエイトの稼ぎだけで世界を放浪中。


【著者連絡先（マスコミ向け）】
- **丸岡正人**

「ちゃっかり収入情報局」http://www.ne.jp/asahi/chakkari/jouhou/
メールアドレス：mx@k-hp.net

アフィリエイトの神様が教える儲けの鉄則50（検印省略）

2006年10月30日　第１刷発行

著　者	丸岡　正人（まるおか　まさと）	
発行者	杉本　惇	
発行所	㈱中経出版	〒102-0083 東京都千代田区麹町3の2 相互麹町第一ビル 電話　03(3262)0371（営業代表） 03(3262)2124（編集代表） FAX　03(3262)6855　振替　00110-7-86836 **ホームページ　http://www.chukei.co.jp/**

乱丁本・落丁本はお取替え致します。
DTP／マッドハウス　印刷／加藤文明社　製本／越後堂製本

ISBN4-8061-2554-7　C2034